高等学校通识教育系列教材

大学计算机基础教程
（第四版）实验指导与习题集

徐红云 ◎ 主编

曹晓叶 解晓萌 郭芬 林育蓓 王亮明 ◎ 编著

清华大学出版社
北京

内容简介

本书是《大学计算机基础教程》（第四版）的配套实验指导与习题集，内容包括两部分：第一部分是实验内容与实验指导，共包括12个实验，分别是计算机组装、虚拟机软件及操作系统安装、文字处理、电子表格、演示文稿、图像处理、动画制作、网页制作、程序设计、数据库系统、计算机网络和无线网络安全配置；第二部分是习题集，按主教材的章节顺序编排，以章为单位组织编写，包括判断题、单项选择题和多项选择题三种题型，习题九百余道。

本书可作为高等学校非计算机专业本科生的大学计算机基础、计算机技术导论、计算机实用技术等课程的辅助教材，也可以供广大读者参考使用。

本书封面贴有清华大学出版社防伪标签，无标签者不得销售。
版权所有，侵权必究。举报：010-62782989，beiqinquan@tup.tsinghua.edu.cn。

图书在版编目(CIP)数据

大学计算机基础教程(第四版)实验指导与习题集/徐红云主编. —北京：清华大学出版社，2022.8
高等学校通识教育系列教材
ISBN 978-7-302-61500-2

Ⅰ.①大… Ⅱ.①徐… Ⅲ.①电子计算机－高等学校－教学参考资料 Ⅳ.①TP3

中国版本图书馆 CIP 数据核字(2022)第 139343 号

责任编辑：刘向威
封面设计：文　静
责任校对：焦丽丽
责任印制：朱雨萌

出版发行：清华大学出版社
网　　址：http://www.tup.com.cn，http://www.wqbook.com
地　　址：北京清华大学学研大厦 A 座　　邮　编：100084
社 总 机：010-83470000　　邮　购：010-62786544
投稿与读者服务：010-62776969，c-service@tup.tsinghua.edu.cn
质量反馈：010-62772015，zhiliang@tup.tsinghua.edu.cn
课件下载：http://www.tup.com.cn，010-83470236

印 装 者：大厂回族自治县彩虹印刷有限公司
经　　销：全国新华书店
开　　本：185mm×260mm　　印　张：13.5　　字　数：327 千字
版　　次：2022 年 8 月第 1 版　　印　次：2022 年 8 月第 1 次印刷
印　　数：1～6500
定　　价：49.00 元

产品编号：091145-01

前 言

"大学计算机基础"课程是高等学校非计算机专业学生入学后的第一门计算机课程,该课程具有内容覆盖面广、修读学生多、教学时数少等特点。怎样结合这些课程特点来提高教学质量是困扰众多计算机基础教育工作者和教学管理人员的问题。经过认真细致的研究,我们认为该课程的主要目的是培养学生的计算机基本素质和计算思维能力,既要使他们深入了解计算机的基本理论和基本概念,又要让他们熟练掌握常用软件工具的适用范围和操作方法。为了达到上述目的,我们组织编写了《大学计算机基础教程》(第四版)的辅助教材——《大学计算机基础教程(第四版)实验指导与习题集》。

本书内容分为两部分。

第一部分是实验内容与实验指导,目的是使学生理解计算机的基本概念,熟练掌握常用软件工具的用途和操作方法。实验涵盖了计算机组装、虚拟机软件及操作系统安装、文字处理、电子表格、演示文稿、图像处理、动画制作、网页制作、程序设计、数据库系统、计算机网络和无线网络安全配置等内容。

第二部分是习题集,目的是使学生牢固掌握计算机的基本理论和基本概念。习题集共收录习题九百余道,涵盖了《大学计算机基础教程》(第四版)涉及的基本理论和基本概念。习题集以判断题、单项选择题和多项选择题的形式呈现。各章习题集的末尾列出了相应的参考答案。

本书在《大学计算机基础实验指导与习题集》(第三版)的基础上做了以下修改。

(1) 增加了全部实验的实验指导微视频。

(2) 增加了第 7 章数据结构与算法的习题及参考答案。

(3) 其他章节针对《大学计算机基础教程》(第四版)教材内容进行了同步修改。

(4) 校正了错误和不妥之处。

全书共 12 个实验及指导、11 章习题集。文字部分由徐红云、曹晓叶、解晓萌、郭芬、林育蓓、王亮明共同编写完成。微课视频部分除了前述文字部分的作者参与录制外,还有徐成、曾健承担了部分录制工作。全书由徐红云统稿。

本书的出版得到了 2020 年度广东省高等教育教学改革项目、2020 年度华南理工大学本科精品教材专项建设项目、华南理工大学 2021 年度校级本科课程思政示范课程项目的资助。

本书在编写过程中参考了大量相关书籍和网络资源,在此对这些参考资料的作者表示感谢。同时,感谢清华大学出版社编辑及其他相关人员对出版本书所付出的辛勤劳动。

由于编者水平有限,书中难免有错误或不妥之处,敬请有关专家和广大读者给予批评指正,我们将深表感谢。

编 者

2022年3月于广州

目 录

第一部分 实验内容与实验指导

实验一 计算机组装 ·· 3
   【实验目的】 ··· 3
   【实验器材】 ··· 3
   【实验内容】 ··· 3
   【实验指导】 ··· 3

实验二 虚拟机软件及操作系统安装 ··· 8
   【实验目的】 ··· 8
   【实验环境】 ··· 8
   【实验内容】 ··· 8
   【实验指导】 ··· 8

实验三 文字处理 ·· 21
   【实验目的】 ·· 21
   【实验环境】 ·· 21
   【实验内容】 ·· 21
   【实验指导】 ·· 21

实验四 电子表格 ·· 42
   【实验目的】 ·· 42
   【实验环境】 ·· 42
   【实验内容】 ·· 42
   【实验指导】 ·· 42

实验五 演示文稿 ·· 54
   【实验目的】 ·· 54
   【实验环境】 ·· 54
   【实验内容】 ·· 54

【实验指导】……………………………………………………………………………… 54

实验六　图像处理 …………………………………………………………………… 72
　　【实验目的】……………………………………………………………………………… 72
　　【实验环境】……………………………………………………………………………… 72
　　【实验内容】……………………………………………………………………………… 72
　　【实验指导】……………………………………………………………………………… 72

实验七　动画制作 …………………………………………………………………… 89
　　【实验目的】……………………………………………………………………………… 89
　　【实验环境】……………………………………………………………………………… 89
　　【实验内容】……………………………………………………………………………… 89
　　【实验指导】……………………………………………………………………………… 89

实验八　网页制作 …………………………………………………………………… 95
　　【实验目的】……………………………………………………………………………… 95
　　【实验环境】……………………………………………………………………………… 95
　　【实验内容】……………………………………………………………………………… 95
　　【实验指导】……………………………………………………………………………… 95

实验九　程序设计 …………………………………………………………………… 117
　　【实验目的】……………………………………………………………………………… 117
　　【实验环境】……………………………………………………………………………… 117
　　【实验内容】……………………………………………………………………………… 117
　　【实验指导】……………………………………………………………………………… 117

实验十　数据库系统 ………………………………………………………………… 122
　　【实验目的】……………………………………………………………………………… 122
　　【实验环境】……………………………………………………………………………… 122
　　【实验内容】……………………………………………………………………………… 122
　　【实验指导】……………………………………………………………………………… 123

实验十一　计算机网络 ……………………………………………………………… 131
　　【实验目的】……………………………………………………………………………… 131
　　【实验环境】……………………………………………………………………………… 131
　　【实验内容】……………………………………………………………………………… 131
　　【实验指导】……………………………………………………………………………… 131

实验十二　无线网络安全配置 ·· 137

【实验目的】 ·· 137

【实验环境】 ·· 137

【实验内容】 ·· 137

【实验指导】 ·· 137

第二部分　习　题　集

第 1 章　概述 ·· 143

第 2 章　数据的表示与运算 ·· 148

第 3 章　计算机硬件 ·· 156

第 4 章　计算机软件 ·· 164

第 5 章　操作系统 ·· 170

第 6 章　程序设计语言 ·· 178

第 7 章　数据结构与算法 ·· 180

第 8 章　数据库技术 ·· 185

第 9 章　计算机网络 ·· 192

第 10 章　信息安全 ·· 197

第 11 章　IT 前沿技术 ·· 201

参考文献 ·· 205

第一部分
实验内容与实验指导

实验一　计算机组装

【实验目的】

(1) 掌握台式计算机的主要硬件组成。

(2) 学习台式计算机的组装方法。

【实验器材】

(1) 工具：平头螺丝刀、十字槽螺丝刀、梅花螺丝刀、六角扳手、防静电腕带、防静电垫、散热膏、螺钉。

(2) 计算机组件：机箱、电源、主板、内存条、CPU、散热器/风扇、显卡、网卡、无线网卡、硬盘驱动器、光驱、硬盘驱动器数据线、光驱数据线、显示器、网线、键盘、鼠标、电源线。

【实验内容】

组装台式计算机。

【实验指导】

视频讲解

(1) 组装一台台式计算机，需要完成下面 7 个模块的安装，共分 30 个步骤。

1. 安装电源模块

步骤 1：打开计算机机箱。

① 取下侧面板上的螺钉。

② 拆下计算机机箱侧板。

步骤 2：安装电源。

① 将电源中的螺孔与机箱中的螺孔对齐。

② 使用电源螺钉将电源固定在机箱上。

③ 如果电源有电压选择开关，请将开关设置为所在地区的电压。

2. 安装主板模块

步骤 3：安装 CPU。

① 将主板、CPU、散热器/风扇组件和内存条放在防静电垫上。

② 带上防静电腕带，并将接地线固定到防静电垫上。

③ 分别找到 CPU 和插槽上的引脚 1。

注意：如果安装不正确，CPU 可能会损坏。

④ 将 CPU 上的引脚 1 与插槽上的引脚 1 对齐。

⑤ 将 CPU 置于 CPU 插槽中。
⑥ 关闭负载锁杆并将其移动到负载锁杆固定卡舌下，关闭 CPU 负载板并将其固定。
⑦ 在 CPU 上涂抹少量散热膏。
注意：涂抹散热膏的前提是散热器上没有散热膏。请按照制造商提供的具体使用说明来操作。
⑧ 将散热器/风扇组件护圈与主板上 CPU 插槽周围的螺纹孔对齐。
⑨ 通过主板上的螺纹孔将散热器/风扇组件置于 CPU 和护圈上。
⑩ 拧紧散热器/风扇组件护圈将其固定。
⑪ 将风扇接头插入主板。请参阅主板手册，确定使用哪组风扇接口引脚。
步骤 4：安装内存条。
① 找到主板上的内存条插槽。
问题：
(1) RAM 模块将安装在什么类型的插槽中？答案视情况而定。
(2) 内存条的下缘有多少个槽口？答案视情况而定。
② 将内存条下缘的槽口与插槽的槽口对齐。
③ 请向下按，直到两侧卡舌将内存条固定住。
④ 确保看不到任何内存条触点。如有必要，可重新安装内存条。
⑤ 检查插销以验证内存条已固定。
⑥ 使用相同的步骤安装其他内存条。
步骤 5：安装主板。
① 安装主板支架。
② 在计算机机箱背面安装 I/O 接线板。
③ 将主板背面的接头与计算机机箱背面的开口对齐。
④ 将主板置于机箱内并将螺纹孔与支架对齐。可能需要调整主板，使其与螺纹孔对齐。
⑤ 使用合适的螺钉将主板固定在机箱上。

3．安装驱动器模块

步骤 6：安装硬盘驱动器。
① 将硬盘驱动器与 3.5 英寸驱动器槽位对齐。
② 请将硬盘驱动器插入机箱内部的槽位中，直到螺纹孔与 3.5 英寸驱动器槽位中的孔对齐。
③ 使用合适的螺钉将硬盘驱动器固定在机箱上。
步骤 7：安装光驱。
① 将光驱与 5.25 英寸驱动器槽位对齐。
② 从机箱前部将光驱插入驱动器槽位，直到螺纹孔与 5.25 英寸驱动器槽位中的孔对齐，并且光驱正面与机箱正面齐平。
③ 使用合适的螺钉将光驱固定在机箱上。

4．安装适配器卡模块

步骤 8：安装有线网卡。

问题：

哪种类型的扩展槽与网卡兼容？

答：PCI 或 PCIe。

① 找到与主板上的网卡兼容的扩展槽。

② 从机箱背面取下插槽盖(如有必要)。

③ 将网卡与扩展槽对齐。

④ 轻轻插入网卡，直至网卡完全就位。

⑤ 使用螺钉将 PC 固定架固定在机箱上，从而固定网卡。

步骤9：安装无线网卡。

问题：

什么类型的扩展槽与无线网卡兼容？

答：PCI 或 PCIe。

① 找到与主板上的无线网卡兼容的扩展槽。

② 从机箱背面取下插槽盖(如有必要)。

③ 将无线网卡与扩展槽对齐。

④ 轻轻插入无线网卡，直至网卡完全就位。

⑤ 使用螺钉将 PC 固定架固定在机箱上，从而固定无线网卡。

步骤10：安装显卡。

问题：

什么类型的扩展槽与显卡兼容？

答：PCI、AGP 或 PCIe。

① 找到与主板上的显卡兼容的扩展槽。

② 从机箱背面取下插槽盖(如有必要)。

③ 将显卡与扩展槽对齐。

④ 轻轻插入显卡，直至显卡完全就位。

⑤ 使用螺钉将 PC 固定架固定在机箱上，从而固定显卡。

5．连接内部电缆模块

步骤11：连接主板电源接头。

① 将主板电源接头与主板上的插槽对齐。

② 轻轻插入接头，直到固定夹卡入到位。

步骤12：连接辅助电源接头。

① 将辅助电源接头与主板上的辅助电源插槽对齐。

② 轻轻插入接头，直到固定夹卡入到位。

注意：只有计算机有辅助电源接头时，才需要进行此步骤。

步骤13：连接内部磁盘驱动器电源接头。

将电源接头插入硬盘驱动器和光驱。

步骤14：连接显卡电源线。

将 PCIe 电源接头插入显卡。

注意：只有显卡具有 PCIe 电源接头时，才需要进行此步骤。

步骤 15：连接散热器/风扇电源接头。

将散热器风扇电源接头连接到主板上适当的散热器风扇接口。

注意：只有计算机有散热器风扇电源接头时，才需要进行此步骤。

步骤 16：连接硬盘驱动器数据线。

① 将硬盘驱动器数据线对齐并插入主板接头。

② 将硬盘驱动器数据线的另一端对齐并插入硬盘驱动器接头。

注意：SATA 电缆有防插反装置，可确保接头的方向正确。

步骤 17：连接光驱数据线。

① 将光驱数据线对齐并插入主板接头。

② 将光驱数据线的另一端对齐并插入光驱接头。

步骤 18：连接重置开关接头。

轻轻插入重置开关接头，直到引脚完全插入。

6．连接前面板电缆模块

步骤 19：连接电源开关接头。

轻轻插入电源开关接头，直到引脚完全插入。

步骤 20：连接电源 LED 接头。

轻轻插入电源 LED 接头，直到引脚完全插入。

步骤 21：连接硬盘驱动器 LED 接头。

轻轻插入硬盘驱动器 LED 接头，直到引脚完全插入。

步骤 22：连接扬声器接头。

轻轻插入扬声器接头，直到引脚完全插入。

步骤 23：连接 USB 和前端音频插孔。

如果机箱也有前端 USB 和前端音频插孔，请轻轻插入接头，直到固定夹卡入到位或引脚完全插入。

注意：计算机首次启动时，如有任何 LED 或开关无法正常工作，请取下其接头，换一个方向，然后重新连接。

7．连接外部电缆模块

步骤 24：固定侧板。

① 将侧板固定在计算机机箱上。

② 使用面板螺钉将侧板固定到计算机上。

步骤 25：连接显示器电缆。

① 将显示器电缆连接到视频接口。

② 拧紧接头上的螺钉，固定电缆。

步骤 26：连接键盘线。

将键盘线插入 USB 或 PS/2 键盘接口。

步骤 27：连接鼠标线。

将鼠标线插入 USB 或 PS/2 鼠标接口。

步骤 28：连接网线。

将网线插入以太网接口。

步骤 29：连接无线天线。

将无线天线连接到天线连接器。

步骤 30：连接电源线。

将电源线插入电源插座接口。

实验二　虚拟机软件及操作系统安装

【实验目的】

(1) 理解虚拟机的概念。
(2) 熟悉操作系统的安装方法。
(3) 了解 BIOS 基本设置。
(4) 掌握 VMware Workstation 软件的基本使用。

【实验环境】

VMware Workstation 12 PRO 版。

【实验内容】

(1) VMware Workstation 12 PRO 软件的基本使用：创建和设置虚拟机。
(2) 安装操作系统：设置 BIOS、安装 Windows 10 操作系统。
(3) 在 Windows 10 下安装 VMware Tools。

视频讲解

【实验指导】

1. 创建和设置虚拟机

(1) 打开 VMware Workstation 12 PRO,如图 2.1 所示。

(2) 单击图 2.1 主界面中的"创建新的虚拟机"图片或者依次单击"文件"→"新建虚拟机",会进入图 2.2 所示的新建虚拟机向导界面。

(3) 在图 2.2 所示界面中,选择"典型",然后单击"下一步"按钮,进入图 2.3 所示界面。

(4) 选择"稍后安装操作系统",单击"下一步"按钮,进入图 2.4 所示界面。

(5) 客户机操作系统选择 Microsoft Windows,版本选择 Windows 10 x64,然后单击"下一步"按钮,进入图 2.5 所示界面。

(6) 输入虚拟机名称及保存虚拟机文件的路径,单击"下一步"按钮,进入图 2.6 所示界面。

(7) 在图 2.6 所示界面上设定虚拟机最大磁盘大小及虚拟机磁盘文件数目,然后单击"下一步"按钮,进入图 2.7 所示界面。

(8) 在图 2.7 所示界面上设定虚拟机的内存大小及处理器个数等硬件参数。

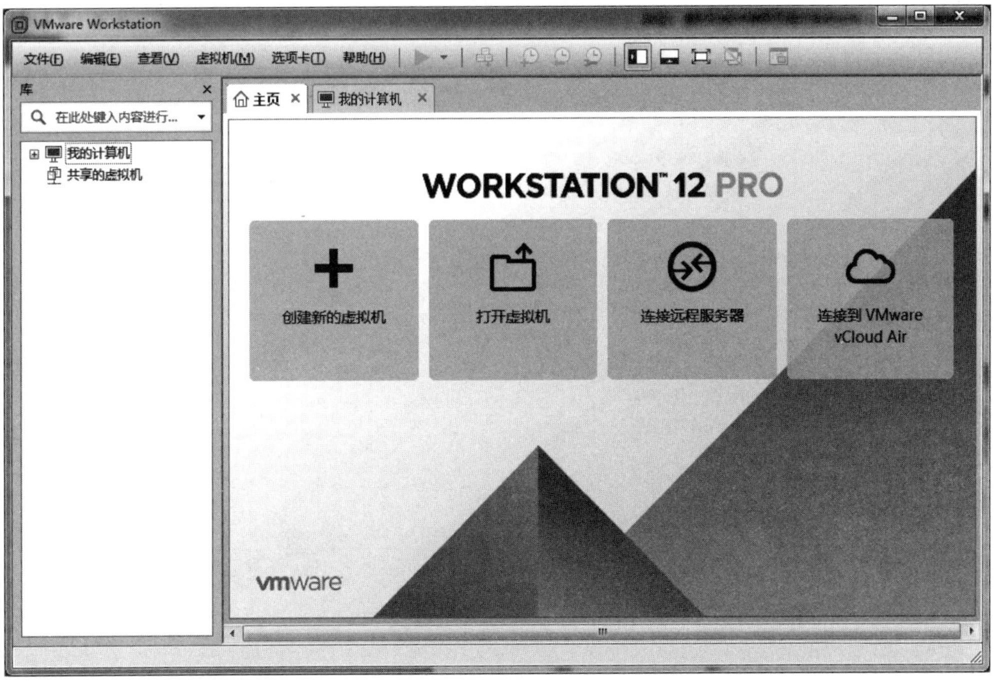

图 2.1 VMware Workstation 12 PRO 的主界面

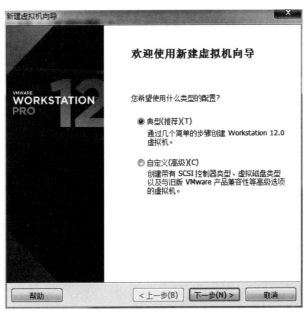

图 2.2 新建虚拟机向导界面

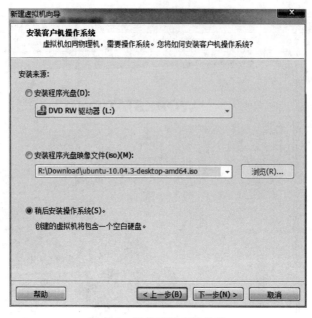

图 2.3 操作系统安装选项

图 2.4 选择客户机操作系统类型

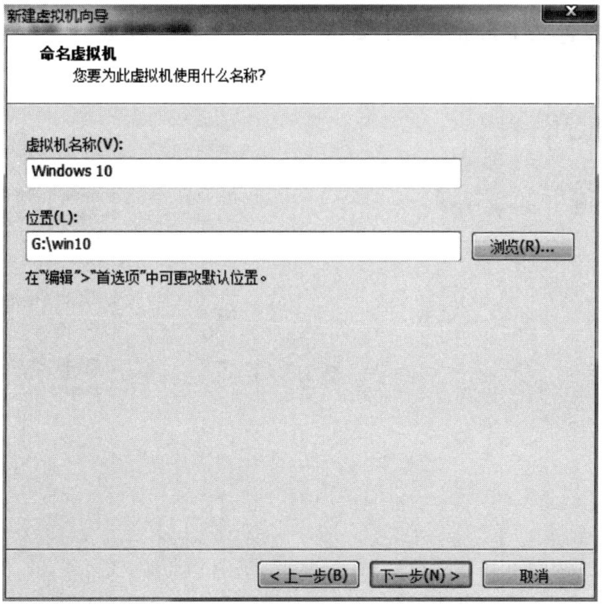

图 2.5　设置虚拟机名称和位置

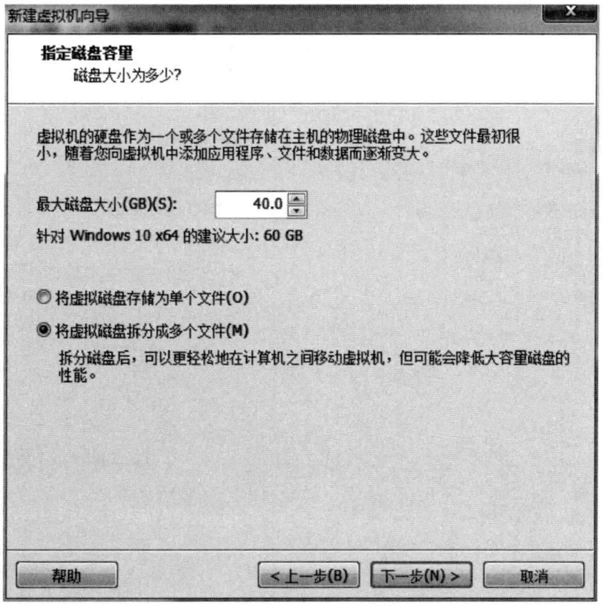

图 2.6　设置虚拟机磁盘容量

图 2.7 设置虚拟机内存

(9) 在图 2.8 所示界面上设置虚拟机网络连接类型为 NAT。

图 2.8 设置虚拟机网络连接类型

（10）在图 2.9 所示页面上设置光驱。可以直接使用主机的物理光驱，也可以使用 ISO 镜像文件。由于本实验是通过下载的 ISO 文件安装操作系统的，这里选定下载的 ISO 镜像文件。

图 2.9　设置虚拟机光驱

2. 安装 Windows 10 操作系统

（1）设置计算机通过 UEFI 启动，方法为：用记事本打开虚拟机配置文件，如图 2.10 所示，在文件末尾添加 fireware="efi"。

视频讲解

图 2.10　配置虚拟机通过 UEFI 启动

(2) 把安装光盘放入物理光驱，或者使用 ISO 镜像文件，然后启动虚拟机。

(3) 虚拟机启动后，出现 Windows 10 操作系统的安装开始界面，如图 2.11 所示。单击"下一步"按钮。

图 2.11　Windows 10 安装开始界面

(4) 在图 2.12 所示界面中单击"现在安装"按钮，开始安装 Windows 10 操作系统。

图 2.12　启动安装 Windows 10

(5) 在图 2.13 所示界面中选择"我接受许可条款"，然后单击"下一步"按钮。

(6) 在图 2.14 所示界面中选择"自定义"安装选项。

(7) 在图 2.15 所示界面中选择要安装的磁盘，可以对磁盘进行分区或者格式化，完成

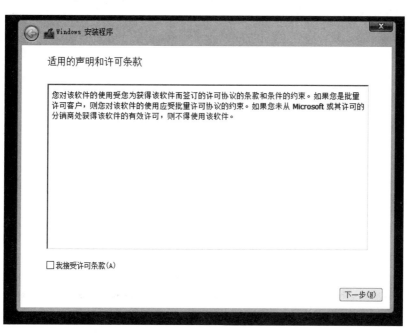

图 2.13　接受 Windows 10 安装许可条款

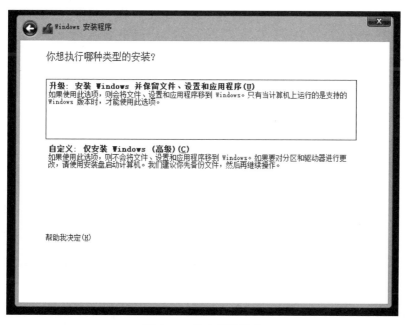

图 2.14　选定安装类型

后单击"下一步"按钮。

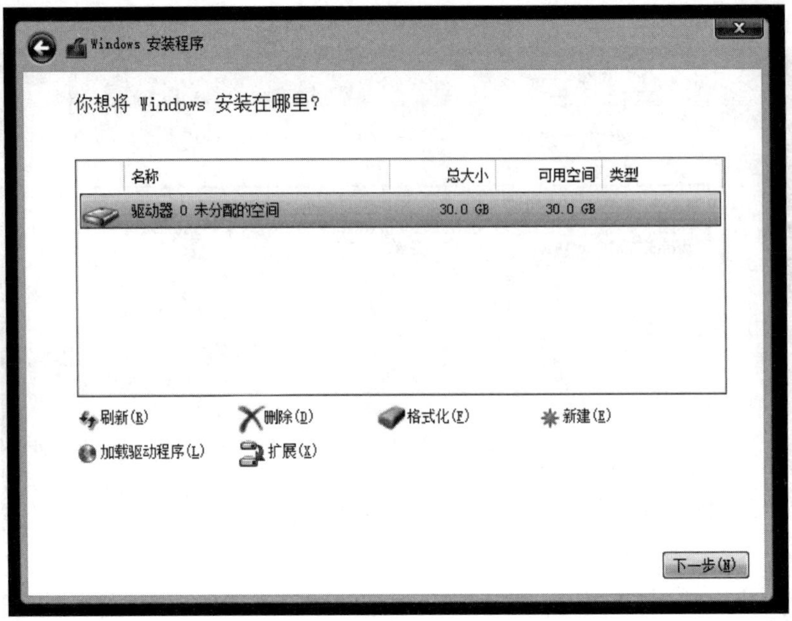

图 2.15 选择安装磁盘

（8）在图 2.16 所示界面中可以看到系统正在自动安装，安装结束后会自动重新启动计算机，如图 2.17 所示。

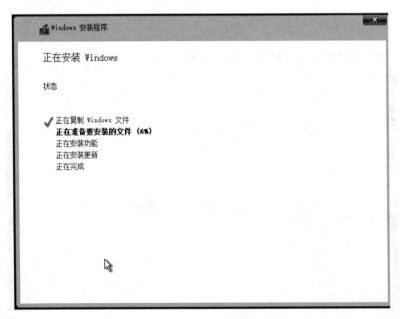

图 2.16 系统自动安装

（9）虚拟机重启后，进入图 2.18 所示界面，开始对虚拟机进行区域设置。

（10）选定区域后，单击"是"按钮，出现图 2.19 所示界面，等待输入 Microsoft 登录账号。

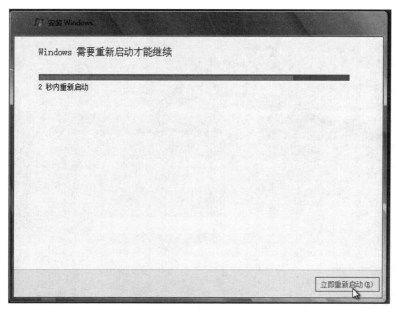

图 2.17 重新启动计算机

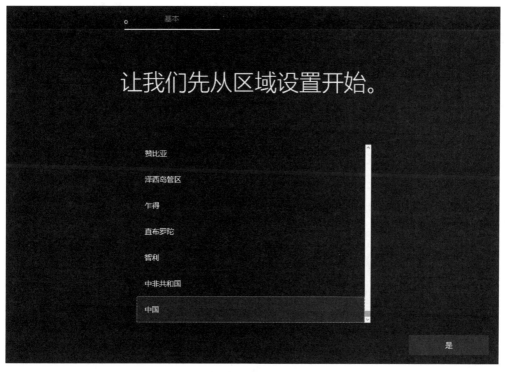

图 2.18 区域设置

(11) 如果没有 Microsoft 登录账号，可以选择"改为域加入"命令，进入传统用户设置界面，如图 2.20 所示。

(12) 在图 2.20 所示界面上输入用户名，并单击"下一步"按钮进行密码等相关设置。

图 2.19　输入 Microsoft 登录账号

图 2.20　设置用户密码

（13）完成后，进入 Windows 10 操作系统主界面，如图 2.21 所示。

3. 安装 VMware Tools

（1）在虚拟机启动的情况下，选择 VMWare Workstation 菜单"虚拟机"→"重新安装 VMware Tools"命令，如图 2.22 所示。

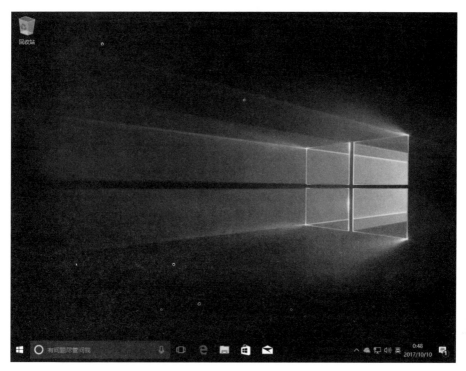

图 2.21 Windows 10 主界面

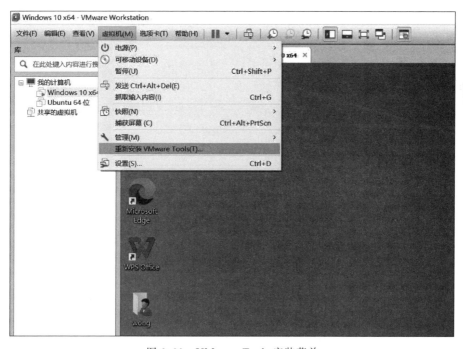

图 2.22 VMware Tools 安装菜单

(2) 虚拟机会自动启动 VMware Tools 安装程序。如果没有启动,可以双击打开虚拟机中的光驱进行安装,如图 2.23 所示,单击"是"按钮,进入安装状态。

图 2.23　VMware Tools 安装

　　VMware Tools 是 VMware 虚拟机中自带的一种增强工具,是 VMware 提供的用于增强虚拟显卡和硬盘性能,以及同步虚拟机与主机时钟的驱动程序。只有在 VMware 虚拟机中安装好了 VMware Tools,才能实现主机与虚拟机之间的文件共享。此外,安装 VMware Tools 后支持自由拖曳,鼠标可在虚拟机与主机之间自由移动(不用再按 Ctrl+Alt 组合键),且虚拟机屏幕也可实现全屏化。

实验三　文　字　处　理

【实验目的】

(1) 掌握文字处理软件中电子文档的基本操作,包括文字、段落的编辑和格式化。
(2) 掌握电子文档中表格的使用,包括在文档中建立表格并编辑和格式化表格。
(3) 掌握在电子文档中进行图文混排,包括在文档中插入图片、艺术字、公式和流程图等。
(4) 掌握长文档排版,包括对长文档进行标题等样式设置以及插入分节符、页眉、页脚、目录等。

【实验环境】

(1) 文字处理软件:Word 2007 及以上版本、WPS 文字 2010 及以上各版本。本实验以 Word 2016 版本为例进行介绍。
(2) 操作系统:能安装以上 PC 版文字处理软件的操作系统均可,例如中文 Windows 7 及以上版本。

【实验内容】

(1) 初识文字处理软件 Word。
(2) 创建和编辑 Word 文档。
(3) 掌握图片、表格、页眉、页脚等的使用方式。
(4) 对本科毕业设计论文(样例)按规范进行输入和排版。

【实验指导】

视频讲解

1. 启动和退出 Word

1) 启动 Word

在"开始"菜单栏中,单击 Word 图标启动;或者在桌面找到 Word 的快捷图标,双击图标启动。

2) 退出 Word

在 Word 环境中完成操作后,单击标题栏右上角的 ■ 按钮,或者选择标题左上角的"文件"→"退出"命令,可退出 Word 程序。

2. 创建、编辑和保存 Word 文档

1) 创建 Word 文档

Word 文档有两种创建方式。

(1) 在启动 Word 程序后,选择菜单栏中的"文件"→"新建"命令,选择"空白文档",如图 3.1 所示。

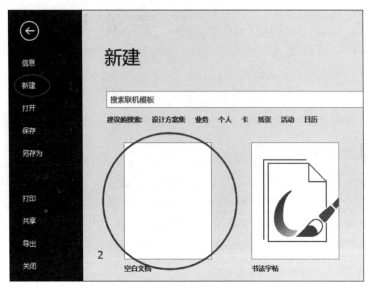

图 3.1　程序方式新建文档

(2) 在桌面右击,在弹出的快捷菜单中选择"新建"→"Microsoft Word 文档"命令,如图 3.2 所示。

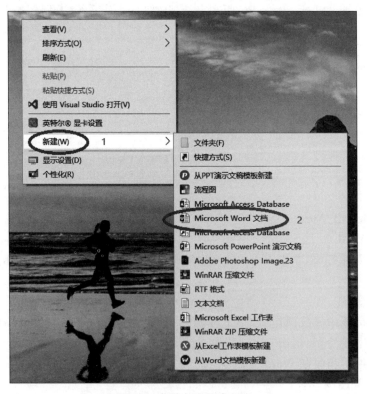

图 3.2　菜单方式新建文档

2) 在文档中输入文字

在文档空白处单击,然后输入 Hello Word,如图 3.3 所示。

图 3.3　输入文字

3) 保存 Word 文档

保存 Word 文档有两种方式。

(1) 单击标题栏左上角的保存图标 🖫 。

(2) 选择菜单栏中的"文件"→"保存"命令或使用快捷键 Ctrl+S。如果文档尚未命名,则会弹出"另存为"的对话框。此时双击"这台电脑",选择保存的路径和输入文件名,再单击"保存"按钮,如图 3.4 所示。

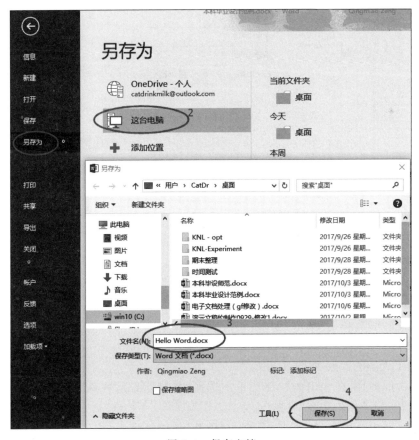

图 3.4　保存文档

3. 制作封面

本科毕业设计论文的封面样式如图 3.5 所示。

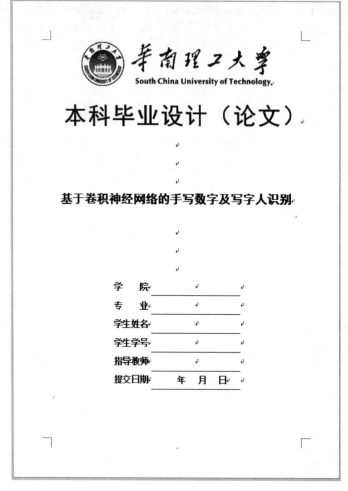

图 3.5　论文封面

1) 创建新的 Word 文档

创建一个新的文档,命名为"本科毕业设计论文.docx"。

2) 设置纸张大小和页边距

(1) 在菜单栏中选择"布局"→"纸张大小"→"A4"命令,如图 3.6 所示。

(2) 选择"布局"→"页边距"→"自定义页边距"命令,将上下左右页边距统一设为 2.5 厘米,如图 3.7 所示,单击"确定"按钮。

3) 插入图片

华南理工大学的 logo 如图 3.8 所示。

(1) 右击此图片,在弹出的快捷菜单中选择"复制"命令,在新建的 Word 文档首行右击,在弹出的快捷菜单中选择"粘贴"命令。

(2) 单击选中图片,在"开始"功能区的"段落"组选择居中(或者使用快捷键 Ctrl+E),如图 3.9 所示。

图 3.6 设置纸张大小　　　　　　图 3.7 设置页边距

图 3.8 学校 logo

图 3.9 插入 logo

（3）右击图片，在弹出的快捷菜单中选择"大小和位置"命令，在弹出的"布局"对话框中选择"大小"选项卡，将内容设置为如图 3.10 所示参数（高度为 2.73 厘米，宽度为 12.09 厘米），单击"确定"按钮。

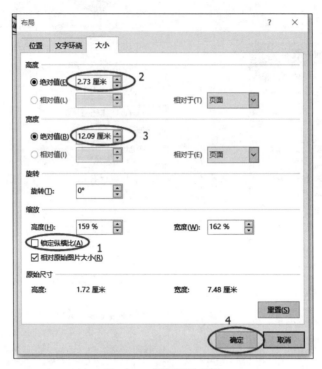

图 3.10　设置图片属性

4）设置主标题

（1）在图片后另起一行，输入"本科毕业设计（论文）"，按 Enter 键 4 次，在第 4 行输入"基于卷积神经网络的手写数字及写字人识别"作为论文题目。选中文字"本科毕业设计（论文）"并右击，在弹出的快捷菜单中选择"字体"命令，设置"中文字体"为"黑体"，"字号"为"初号"，如图 3.11 所示，单击"确定"按钮。

（2）同样选中该段文字右击，在弹出的快捷菜单中选择"段落"命令，设置"对齐方式"为"居中"，"段前"为"1 行"，"行距"为"1.5 倍行距"，如图 3.12 所示，单击"确定"按钮。

（3）为了让主标题更突出，可以做如下改动：在"本科毕业设计（论文）"前添加一个额外的空格；然后选中该行文字，选择"高级"选项卡，设置"间距"为"加宽"，"磅值"为"1 磅"，如图 3.13 所示。在"段落"组中将对齐方式改为"两端对齐"。

（4）以同样方式，将"基于卷积神经网络的手写数字及写字人识别"文字按"二号、黑体、加粗、居中、1.5 倍行距、段前 0 行"的格式将这 4 行（包括没有内容的前 3 行）进行字体设置。

5）添加信息栏

信息栏通过表格的方式制作，过程如下。

（1）添加 5 个空白行，格式为"二号、黑体、加粗、居中、1.5 倍行距、段前 0 行"。

（2）在新加的第 5 行添加表格，方法为在菜单栏选择"插入"→"表格"→2×6，如图 3.14 所示。

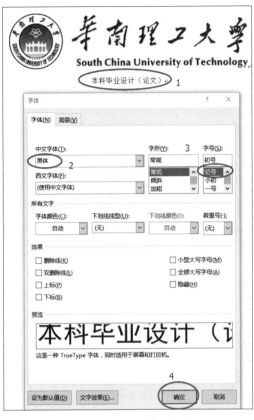

图 3.11 设置字体和字号

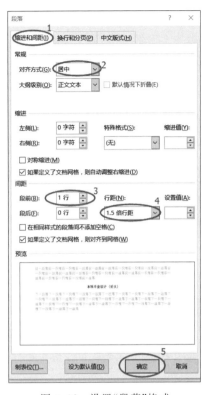

图 3.12 设置"段落"格式

图 3.13 设置字符间距

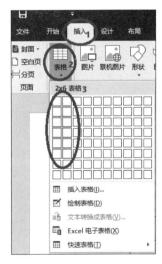

图 3.14 插入"表格"

(3) 选中表格的第1列并右击,在弹出的快捷菜单中选择"表格属性"→"列"→"指定宽度"→2.56,单击"确定"按钮,如图 3.15 所示。

图 3.15　设置表格的"行"和"列"

同理,选择第2列右击,在弹出的快捷菜单中选择"表格属性"→"列"→"指定宽度"→5.72,并将表格居中。

(4) 选中表格的第1列,在菜单栏中选择"开始"→"段落"→"分散对齐"命令,并输入下列文字(字体格式为"宋体、小三、1.5 倍行距"),如图 3.16 所示。

图 3.16　设置表格"对齐"属性并输入文字

(5) 选择第一列,在菜单栏中选择"设计"→"边框"→"无边框"命令,如图 3.17 所示。

(6) 同理,选择第二列,在菜单栏中选择"设计"→"边框"命令,然后依次把"上边框"和"右边框"取消,最终效果如图 3.18 所示。

4. 编辑长文档

1) 输入长文档正文

将下列文档的样式按照粗体格式要求进行设置,每一章要在新的一页(插入新页面)中编辑。

视频讲解

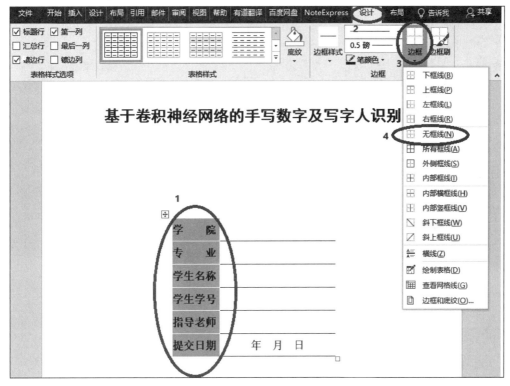

图 3.17 设置表格"无边框"

图 3.18 删除表格的"上边框"和"右边框"

第一章 绪论

(各章标题:黑体,小二号,居中,单倍行距,段前、段后各 0.5 行;章节序号与标题之间空一字符)

1.1 引言

(各节一级标题:黑体,小三号,居左,单倍行距,段前、段后各 0.5 行)

(正文:**1.5** 倍行距;中文:宋体,小四号,每段首行空 **2** 个汉字)

  当今社会,科技的飞速发展为大家提供了快捷与舒适,但与此同时也增添了在信息安全上的危险。在过去的二十几年中,我们通过数字密码来鉴别身份。但是随着科技的发展,不法分子借用高科技犯罪的案例年年增多,密码被盗的情况时常发生。因此,怎样科学准确地辨别每一个人的身份成为当今社会的重要问题。

1.2 研究背景

随着科技的日益发展，传统的密码因为记忆烦琐以及容易被盗，似乎已经不再能满足这个通信发达的社会的需求。人们急需一种更便捷而且辨识度更高的方式来鉴别身份。循着便捷与辨识度高这两个约束条件[1]（**正文中引用文献序号用小四号、Times New Roman 体，以上角标形式置于方括号中**），我们联想到的便是存在于每个人身上的生物特征。所以基于每个人身上不同的生物特征而研究的鉴别技术现在成为了身份辨别技术的主流。

1.3 研究现状

笔迹获取的方式有两种，所以鉴别方式也分为离线鉴别和在线鉴别[2,3]（**此处引用连续多篇文献，序号用逗号隔开**）。在线鉴别是采用专用的数字板来实时收集书写信号。由文献[4~7]（**此处参考文献为文中直接说明，其序号应该与正文排齐**）可知，因为信号是实时采集的，所以能采集的数据不仅包括笔迹序列，还包括书写时的加速度、压力、速度等丰富有用的动态信息。

1.4 论文结构

本文分为四章，其中第一章简述了笔迹识别的研究背景和意义以及笔迹识别的基础知识等；第二章从卷积神经网络的发展历史、网络结构、学习规律三方面详细讲述了卷积网络的基础知识；第三章针对本文中的手写数字及写字人识别实验具体设计卷积神经网络的网络结构以及训练过程；第四章是手写数字识别及写字人识别实验的结果与分析。

第二章　卷积神经网络的基础知识

（**各章标题：黑体，小二号，居中，单倍行距，段前、段后各 0.5 行；章节序号与标题之间空一字符**）

2.1 卷积神经网络的网络结构

（**各节一级标题：黑体，小三号，居左，单倍行距，段前、段后各 0.5 行**）

（**正文：1.5 倍行距；中文：宋体，小四号，每段首行空 2 个汉字；字母和阿拉伯数字：Times New Roman 字体，小四号**）

卷积神经网络作为深度学习的一个分支，在网络结构上同样含有深度学习的"深度"性。网络拓扑结构是一个多层的神经网络[8]，网络的每一层由多个独立的神经元组成的二维平面组成。网络一般分为输入层、卷积层、池化层、全连接层、输出层等。

2.1.1 输入层

（**各节二级标题：黑体，四号，居左，单倍行距，段前、段后各 0.5 行**）

因为卷积神经网络可以直接接受二维的视觉模式[9]，所以我们可以直接把经简单预处理后的二维图像输入到输入层中。

2.1.2 卷积层

……

2.2 卷积神经网络的学习规律

……

2.2.1 前向传播

如果用 l 来表示当前的网络层,那么当前网络层的输出如公式(2-1)所示。

$$x' = f(u') \qquad (2\text{-}1)$$

(公式:公式一般居中书写;序号按章编排,如本公式为第二章第一个公式,则序号为(2-1))

在本实验中,网络的输出激活函数选用 sigmoid 函数。

2.2.2 反向传播

……

2.2.3 学习特征图的组合

……

2.3 本章小结

……

第三章 基于卷积神经的手写数字及写字人识别算法设计

3.1 输入输出层的设计

……

3.2 隐藏层的设计

……

3.3 本章小结

……

2) 设置标题样式

根据"本科毕业设计论文规范要求"设置各标题样式。标题样式的设置请按照"开始"功能区"样式"组的样式进行设置,如图 3.19 所示。第一级标题的样式可选择"样式"组中"标题 1",右击"标题 1",在弹出的快捷菜单中选择"修改",进入格式对话框,批量修改该样式。同理,其他各级标题样式均可以按照此方法根据规范要求进行修改(具体也可以查阅帮助文档中的"样式修改与设置")。

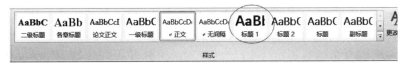

图 3.19 设置标题样式

标题 1~3 的具体要求如下所示。

章节编号一般采用三级标题的层次,按章(如"第一章")、节(如 1.1)、条(如 1.1.1)的格式编写,各章题序的阿拉伯数字用 Times New Roman 体。
第一级:用"第一章""第二章""第三章"等表示;小二号黑体,居中,单倍行距;
第二级:用 1.1、1.2、1.3 等表示;小三号,黑体,居左,单倍行距;
第三级:用 1.1.1、1.1.2、1.1.3 等表示;四号,黑体,居左,单倍行距;
正文:小四号,宋体,1.5 倍行距;段首行缩进 2 个汉字。

注意：各级标题的列表编号等下一步设置，可自动生成，无须输入。

3）设置多级列表

（1）单击"视图"→"大纲"，打开大纲后，单击要编为目录的标题前面的小圆点，这里需要选择等级级数，1级为最高级，9级为最低级；根据自己需要编写目录的顺序设置，可将章标题设为1，二级标题设为2，以此类推；设置完毕后，单击"关闭大纲视图"，如图3.20所示。

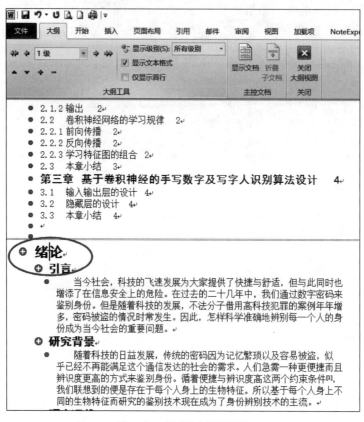

图3.20 设置"大纲"级别

（2）选择"开始"功能区"段落"组的"多级列表"，打开"定义新多级列表"对话框，在"单击要修改的级别"列表中选择1，在"输入编号的格式"框灰色的1前后分别输入"第"和"章"（特别注意：灰色部分的数字不能删除），"此级别的编号样式"框内容不变（可尝试变化，观察其上一栏第1章有何变化），在"将级别链接到样式"下拉列表中选择"标题1"，如图3.21所示。

（3）同样地，"单击要修改的级别"列表中选2，"将级别链接到样式"下拉列表中选择"标题2"；"单击要修改的级别"列表中选3，"将级别链接到样式"下拉列表中选择"标题3"。

4）编辑引用文献序号与公式

关于引用文献序号以及公式的编辑方式如下：

（1）"开始"功能区字体组选择"上标"，然后输入1,2,…文献序号，如图3.22所示。

（2）要添加新公式，选择"插入"功能区"符号"组"公式"→"插入新公式"命令，如图3.23所示。

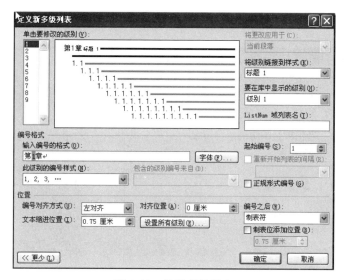

图 3.21 设置多级列表

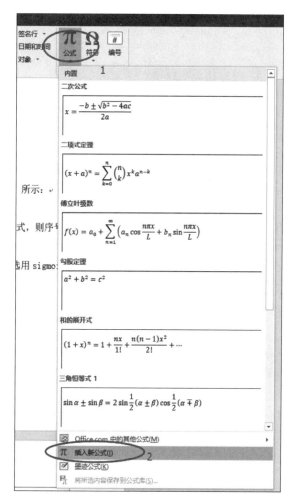

图 3.22 "上标"设置　　　　　　　　　　图 3.23 插入"公式"

(3) 在"设计"中可以选择诸如"分式""上下标""积分"等形式的符号,如图 3.24 所示。

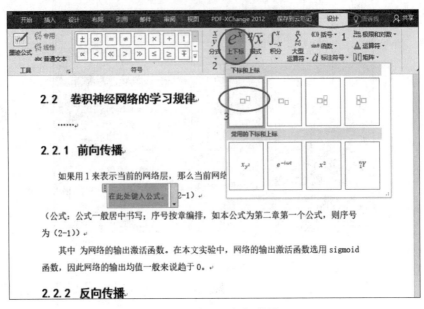

图 3.24 插入"公式"符号

视频讲解

5. 页面插入与目录

1) 插入"中文摘要"页

(1) 在"封面"页的最后一行,选择"布局"功能区"页面设置"栏"分隔符"→"下一页"命令,如图 3.25 所示。

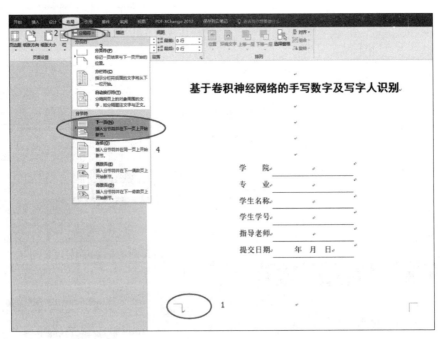

图 3.25 插入"分节符"

（2）在"摘要"页面编辑内容。其中标题要选择"开始"功能区"样式"栏中的"标题"，如图 3.26 所示，文字按照如图 3.27 要求编辑并设置格式，最后效果如图 3.28 所示。

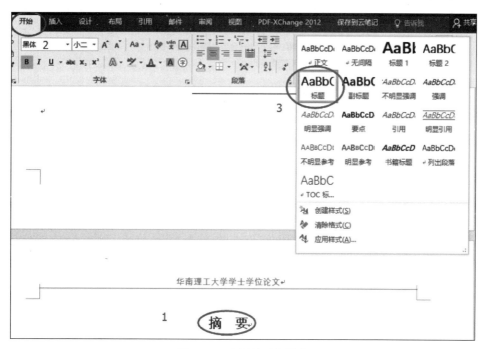

图 3.26 选择"标题"样式

摘　要

（标题：小二号，黑体，居中，单倍行距；段前、段后各0.5行，两字中间空2字符）

（摘要正文共400~600字；小四号，宋体，1.5倍行距；段首行空两个汉字）

　　炔烃和叠氮化合物的单击化学反应，有着快速、百分百原子利用率、产物高选择性等众多优点，被誉为单击化学中的精华。基于此反应拓展而来的单击聚合反应，迅速在高分子材料领域获得了广泛关注和应用。

　　……

　　我们还尝试了采用不同单体在最优条件下进行反应，均获得了高分子产物，表明了该反应体系的普适性。

（此处隔一行）

　　关键词：多变量系统；预测控制；环境试验设备

（"关键词"：小四号，黑体；关键词3~5个：小四号，宋体；关键词之间用分号隔开；最后一个关键词不打标点符号）

图 3.27 "中文摘要"文字及要求

> **摘　要**
>
> 　　炔烃和叠氮化合物的点击化学反应，有着快速、百分百原子利用率、产物高选择性等众多优点，被誉为点击化学中的精华。基于此反应拓展而来的点击聚合反应，迅速在高分子材料领域获得了广泛关注和应用。
> 　　……
> 　　我们还尝试了采用不同单体在最优条件下进行反应，均获得了高分子产物，表明了该反应体系的普适性。
>
> **关键词**：多变量系统；预测控制；环境试验设备

图 3.28　"中文摘要"效果图

2）插入"英文摘要"页

与1）同理，选择菜单栏中的"布局"→"分隔符"→"下一页"命令，按图 3.29 所列格式输入英文摘要。唯一不同的是，在设置"段落"缩进时，选择"特殊格式"为"首行缩进""缩进值"为"2 字符"，如图 3.30 所示。最后效果如图 3.31 所示。

> Abstract
>
> （标题：小二号，Times New Roman字体，居中，单倍行距；段前、段后各0.5行）
>
> （正文：小四号，Times New Roman字体，1.5倍行距，两端对齐）
>
> 　　Artificial Neuron Network（ANN）simulates human being's brain function and build the network structure. Convolutional Neural Network（CNN）have many advantages, such as…
>
> 　　This paper introduces the common pretreatment method of image, such as collecting image, normalization, graying and binarization. And apply these to the handwritten numeral recognition experiment and handwritten numerals writer recognition experiments
>
> **Keywords: Writer recognition; Convolutional Neural Network; Handwritten character recognition**
>
> （"Keywords"：Times New Roman字体，小四号，加粗，居左；关键词：Times New Roman字体，小四号）

图 3.29　"英文摘要"格式要求

3）插入"目录"

（1）在"英文摘要"页的最后一行，选择"布局"→"分隔符"→"下一页"命令，创建新的页面。

（2）在工具栏中选择"引用"→"目录"，选择"自动目录1"，如图 3.32 所示。目录的格式如下所示。

标题：小二号，黑体，居中，两字之间空 2 字符，单倍行距，段前、段后各 0.5 行；各章标

图 3.30 设置"段落"格式

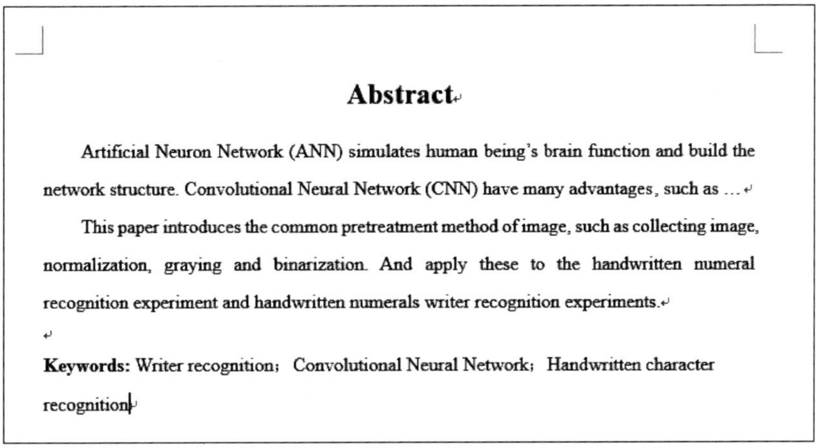

Abstract

Artificial Neuron Network (ANN) simulates human being's brain function and build the network structure. Convolutional Neural Network (CNN) have many advantages, such as …

This paper introduces the common pretreatment method of image, such as collecting image, normalization, graying and binarization. And apply these to the handwritten numeral recognition experiment and handwritten numerals writer recognition experiments.

Keywords: Writer recognition; Convolutional Neural Network; Handwritten character recognition

图 3.31 "英文摘要"效果

题、结论、参考文献、致谢：黑体，四号；其余：宋体，小四号，行距1.5倍。

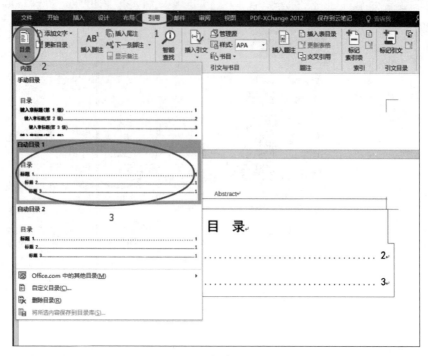

图 3.32 插入"目录"

(3) 最后选择"引用"→"目录"→"更新目录"命令，更新目录。

6. 页眉、页脚与页码

毕业设计中的页眉、页脚与页码有如下格式要求。

视频讲解

页眉标注从论文主体部分（绪论、正文、结论）开始，分奇、偶页标注，其中偶数页的页眉为"华南理工大学学士学位论文"，奇数页的页眉为章序及章标题。页眉的上边距为15mm，在版心上边线加一行 1.0 磅粗的实线，其上居中打印页眉；页脚的下边距为 15mm。字体为"宋体"，五号。

论文页码从主体部分（绪论、正文、结论）开始，直至"参考文献、附录、致谢"结束，用五号阿拉伯数字编连续码，页码位于页脚居中。摘要、目录、图表清单、主要符号表用五号罗马数字编连续码，页码位于页脚居中。封面不编入页码。

页眉设置的方式如下。

(1) 在工具栏中选择"插入"→"页眉"→"空白"命令，如图 3.33 所示。

(2) 在第一章"绪论"的第一页，选择"设计"功能区"选项"组中"奇偶页不同"，如图 3.34 所示，然后在奇数页输入"华南理工大学学士学位论文"。

(3) 选择一个偶数页，在"设计"功能区"插入"组中选择"文档部件"→"域"命令，如图 3.35 所示。

在"域"中，"类型"选择"链接和引用"，"域名"选择 StyleRef，"样式名"选择"标题"，如图 3.36 所示。

图 3.33　插入"页眉"

图 3.34　选择"奇偶页不同"

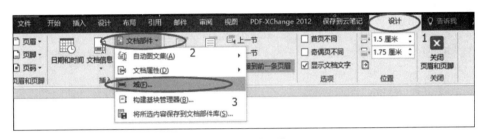

图 3.35　选择"域"

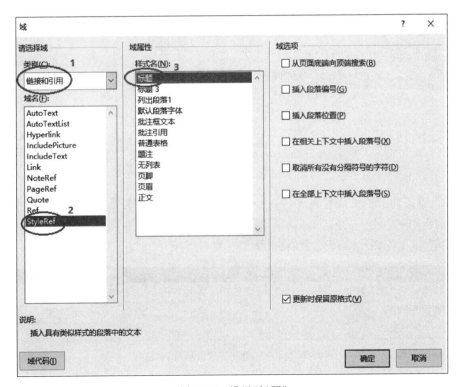

图 3.36　设置"标题"

（4）页脚页码的设置如图 3.37 所示，在工具栏中选择"插入"→"页脚"→"空白"命令，然后在"页码"中选择"页面底端"→"普通数字 2"，取消"奇偶页不同"的选项。

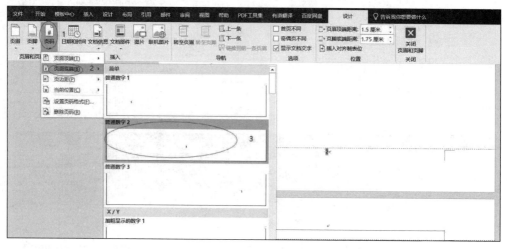

图 3.37　插入页脚页码

（5）可以在"设计"→"页码"→"设置页码格式"中选择页码的不同编号格式，如图 3.38 所示。

图 3.38　选择不同的编号格式

（6）设置不同节的页眉与页脚。在一个 Word 文档中，若需要设置不同的页眉或页脚时，需要单击"链接到前一条页眉"选项，断开与前一节的联系，否则无法设置不同的页眉或页脚。设置的要点如图 3.39 所示（具体请读者自行练习）。

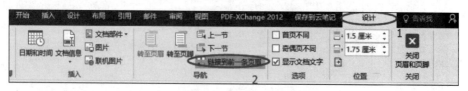

图 3.39　取消与前一节的页眉页脚"链接"

7. 完成文档

在完成所有的格式要求后,可以选择菜单栏中的"文件"→"打印"命令,查看文档的打印预览效果,如图 3.40 所示。

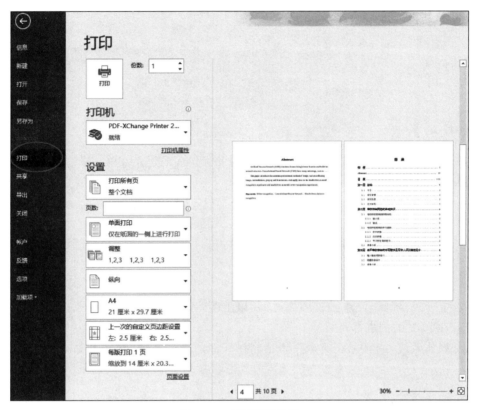

图 3.40　打印预览界面

实验四　电子表格

【实验目的】

(1) 掌握电子表格的基础操作,包括工作簿和工作表的建立及单元格的设置等。
(2) 掌握工作表的基本操作,包括数据的输入、利用公式和函数对数据进行分析与处理等。
(3) 掌握数据的图表化处理,包括插入图表、将数据图表化显示等。
(4) 掌握电子表格中数据的管理,包括对数据进行排序、筛选、分类汇总等。

【实验环境】

(1) 电子表格制作软件:Excel 2007 及以上版本;WPS 表格 2010 及以上版本。本实验以 Excel 2019 为例进行介绍。
(2) 操作系统:能安装上述电子表格制作软件的操作系统,例如中文 Windows 7 及以上版本。

【实验内容】

(1) 创建和编辑 Excel 表格。
(2) 使用 Excel 中的简单公式与函数来分析和处理数据。
(3) 根据工作表数据为工作表建立图表。
(4) 对数据进行排序、筛选等处理。

视频讲解

【实验指导】

1. 创建和编辑 Excel 表格

1) 创建工作表

(1) 启动 Excel,进入其工作窗口。其启动与退出和 Word 类似。
(2) 将 Sheet1 工作表重命名为销售表。

2) 输入数据

(1) 输入表格标题。双击 A1 单元格,在 A1 单元格输入表格标题"XXX 公司 2021 年销售表(单位:万元)"。注意观察此时的编辑栏,按 Enter 键,上述文字即输入到 A1 单元格中。
(2) 输入原始数据。在表格中输入图 4.1 所示数据。
① A2~A6 区域中,按图 4.1 所示分别输入"季度""第一季度""第二季度""第三季度"

"第四季度"。

② B2~G2区域中,按图4.1所示分别输入"销售一部""销售二部""销售三部""销售四部""销售五部""销售总额"。

③ B3~F6区域中,仿照图4.1完成各项数据的输入。

④ 在A7和A8单元格中分别输入"年度销售额""百分比"。

	A	B	C	D	E	F	G
1	xxx公司2021年销售表(单位:万元)						
2	季度	销售一部	销售二部	销售三部	销售四部	销售五部	销售总额
3	第一季度	37	40	42	46	90	
4	第二季度	45	44	38	65	75	
5	第三季度	29	35	60	45	85	
6	第四季度	48	50	39	34	79	
7	年度销售额						
8	百分比						

图4.1 输入初始数据

3) 设置单元格格式

设置单元格格式通常有以下两种方式。

(1) 对话框。选择单元格区域后右击,在弹出的快捷菜单中选择"设置单元格格式"命令,可进入如图4.2所示的对话框,分别选择不同的选项卡,可详细设置单元格的数字、对齐、字体、边框和填充等属性。

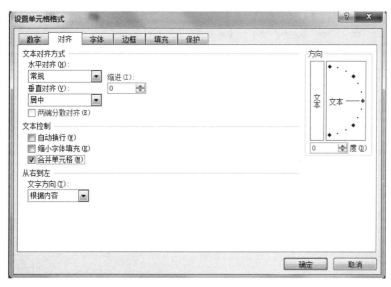

图4.2 设置单元格格式

(2) 命令按钮。选择单元格区域后,选择"开始"功能区的"字体""对齐方式""数字"等各栏对应的命令按钮进行设置。

下面在表格中进行具体的单元格格式设置。

(1) 合并单元格。选择单元格A1~G1,单击"对齐方式"功能区命令按钮 [合并后居中],或右击选择"设置单元格格式"命令,进入单元格格式对话框,在"对方"选项卡中选择"合并单元格",如图4.2所示。

（2）设置字体。选择"设置单元格格式"对话框的"字体"选项卡，将单元格的"字体"设为"楷体"，字形设为"加粗"，"字号"设为 16；选择"对齐"选项卡，将"水平对齐"和"垂直对齐"设为"居中"。

（3）填充单元格。单击 命令按钮（如图 4.3(a)所示），或选择"设置单元格格式"对话框的"填充"选项卡，打开填充对话框（如图 4.3(b)所示），将合并后的单元格填充成浅灰色。

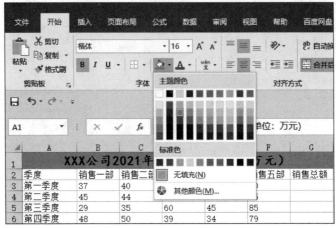

(a) 使用命令按钮设置

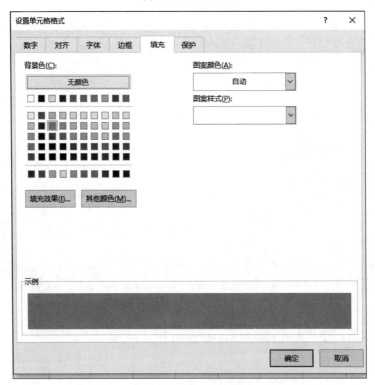

(b) 使用"填充"对话框设置

图 4.3 填充单元格颜色

(4) 设置对齐方式和边框格式。选择 A1～G9 区域,单击"对齐方式"功能区命令按钮 和 ,将该区域的文本设置为垂直和水平居中;单击"字体"功能区命令按钮 ,单击下拉箭头选择"所有框线",将该区域设置为有边框。

(5) 设置单元格类型。选择 B2～G8 区域,单击"数字"功能区命令按钮 ,将表格中的所有数据设置为以"数值"形式显示,数字格式为显示两位小数。如果在单元格内出现若干"#",则需要调整列宽,使数字全部显示。设置后的表格如图 4.4 所示。

图 4.4 设置对齐方式和边框样式

注意:单元格的其他格式设置方式和上述方法类似,请读者自行练习。

2. 简单公式和函数

Excel 中的公式包含函数、引用、运算符和常量。例如可在某单元格输入栏中输入"=COUNT(B3:F3)*A2^2",该公式组成部分如下所述。

(1) 函数。COUNT(B3:F3)返回 B3～F3 单元格的个数(即 5)。COUNT 为该函数的函数名,括号中 B3:F3 为函数 COUNT 的参数。

(2) 引用。A2 返回单元格 A2 中的值。

注意:Excel 中内置了许多函数,而引用包括绝对引用和相对引用,具体使用方法可查看 Excel 帮助。

(3) 常量。直接输入到公式中的数字或文本值,例如 2。

(4) 运算符。^(脱字号)运算符表示数值的乘方,而 *(星号)运算符表示数字的乘积。

1) 求和函数

(1) 计算 G 列中第一季度销售总额。求和有三种方式,一是利用公式计算销售总额,在 G3 单元格输入"=SUM(B3:F3)",得出第一季度的销售总和;二是单击工具栏的 后选择 B3～F3 区域;三是单击单元格编辑栏左侧的"插入函数" 命令,双击 SUM 函数(如图 4.5(a)所示),进入函数参数对话框(如图 4.5(b)所示),在 Number1 中输入"B3:F3"。

(2) 利用填充柄计算出其他 3 个季度的销售总额。单击 G3 单元格,鼠标置于该单元格右下顶点,当光标形状变成"十字"形状时,按住鼠标左键,向下拖曳,即可填充 G4、G5 和 G6 单元格。

(3) 计算全年总和。单击 B7 单元格,在输入栏输入"=SUM(B3:B6)"或单击工具栏上的 Σ 计算出"销售一部"的年度销售额。具体方法和(1)的介绍类似。

(4) 计算其他销售部的全年销售总额。利用填充柄向右横向填充,计算出其他销售部的年度销售总额。具体方法和(2)的介绍类似。

2) 输入公式

在 B8 单元格中输入公式"=B7/$G$7",单击"数字"功能区单元格数据类型下拉箭头,选择"百分比",并保留小数点后面两位,然后利用填充柄向右横向填充,计算出其他销售

(a) "插入函数"对话框

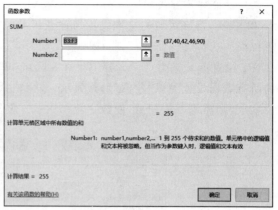
(b) "函数参数"对话框

图 4.5 插入求和函数

部全年的销售百分比,结果如图 4.6 所示。

图 4.6 输入公式

注意:读者可自行查看如果没有符号"$"会出现什么效果。

3) IF 函数

(1) 部门考核标准的判断规则。

若该部门的销售百分比低于 18%,则为"不合格";

若该部门的销售百分比高于 30%,则为"优秀";

其他为"合格"。

(2) 用 IF 函数生成考核结果。

在 A9 中输入"考核结果",在 B9 中输入公式"=IF(B8<0.18,"不合格",IF(B8>0.3,"优秀","合格"))";或打开函数对话框输入公式信息,如图 4.7 所示。利用填充柄向右横向填充,计算出其他销售部的考核结果,如图 4.8 所示。

注意:常用的函数还包括"平均值""最大值""最小值""计数"等函数,请读者自行练习。

4) VLOOKUP 函数和数据有效性

(1) VOOKUP 函数。在 A23~A28 单元格中分别输入"输入季度名""销售一部""销售二部""销售三部""销售四部""销售五部",在 B23 中输入"第一季度",在 B24 单元格中输入"=VLOOKUP($B$23,$A$3:$G$6,2,FALSE)";或单击 B24 输入栏中左侧的 fx 命令按钮,打开函数参数对话框,输入图 4.9(a)所示的信息。

注意:B24 单元格中 VLOOKUP 函数的第三个参数 Col_index_num 返回在 A3:G6 选

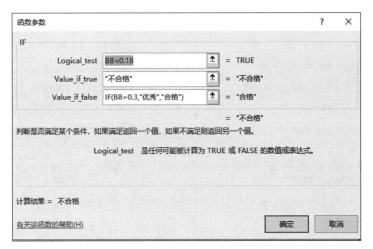

图 4.7 IF 函数的使用

XXX公司2021年销售表（单位：万元）						
季度	销售一部	销售二部	销售三部	销售四部	销售五部	销售总额
第一季度	37.00	40.00	42.00	46.00	90.00	255.00
第二季度	45.00	44.00	38.00	65.00	75.00	267.00
第三季度	29.00	35.00	60.00	45.00	85.00	254.00
第四季度	48.00	50.00	39.00	34.00	79.00	250.00
年度销售额	159.00	169.00	179.00	190.00	329.00	1026.00
百分比	15.50%	16.47%	17.45%	18.52%	32.07%	100.00%
考核结果	不合格	不合格	不合格	合格	优秀	

图 4.8 计算考核结果

定区域中匹配"第一季度"的对应行的列序号 2,即销售一部在第一季度的销售额对应该行的第 2 列。

(2) 设置数据有效性。选中 B23 单元格,选择菜单"数据"功能区中"数据工具"组中"数据验证"命令按钮,进入"数据验证"对话框,设置"允许"为"序列",将数据来源限定为 A3～A6("$"符号代表绝对引用,即数据来源是固定区域),如图 4.9(b)所示。

(3) 填充公式。选中 B24,利用填充柄向下纵向填充 B25～B28 单元格,并分别将 B25～B28 单元格公式中的第三个参数 Col_index_num 设为 3,4,5,6,从而计算出其他销售部对应的季度销售额,结果如图 4.10(a)所示。

(4) 查询结果。单击 B23 下拉序列,选择不同的季度,观察不同的查询结果,如图 4.10(b)所示。

3. 插入图表

1) 建立折线图

接下来为该工作表建立图表(图 4.11)。

(1) 插入折线图。选择 A2～F6 单元格,选择"插入"功能区图表组中的 命令按钮,在折线图下拉列表中选择带数据标记的折线图。

(2) 设置折线图格式。双击图表,进入"图表工具""图表设计"功能区,为图表中相关数据建立文字说明,如图表的标题、分类轴、图例等数据。

注意：图表样式、图表中各文本和图形选项、标签等的设置请读者自行练习。

视频讲解

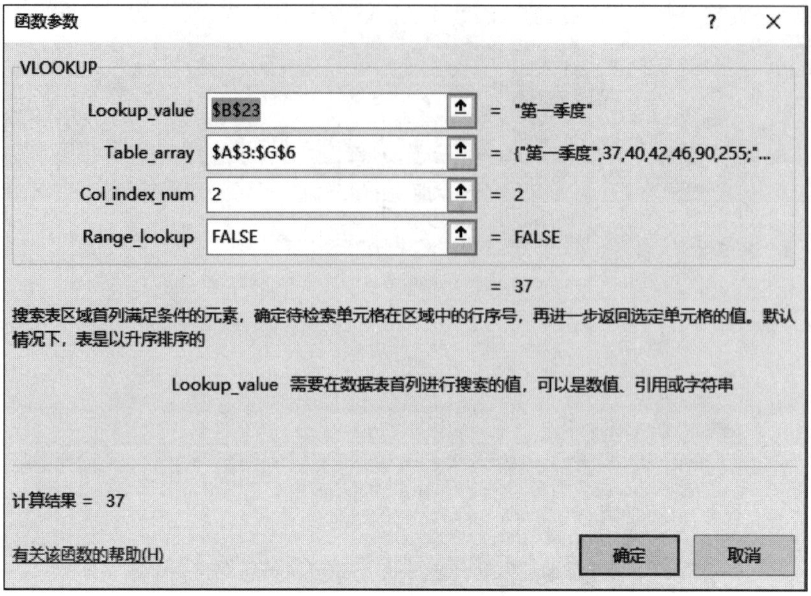

(a) "函数参数"对话框

(b) "数据验证"对话框

图 4.9　VLOOKUP 函数

(a) 第一季度查询结果　　(b) 第二季度查询结果

图 4.10　查询结果

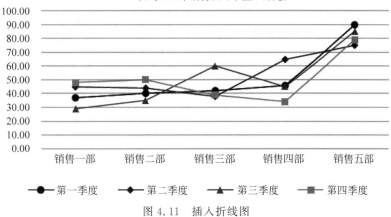

图 4.11　插入折线图

2）建立饼图

(1) 选择数据。选择表头行数据 A2～F2 后，按住 Ctrl 键不放，再用鼠标左键拖曳选中百分比数据行 A8～F8。

(2) 插入饼图。选择图表功能区中的  命令按钮，选择饼图下拉列表中的二维饼图；双击图表，选择相应的图表样式（见图 4.12）；标签选项"数字"项选择"百分比"，图表标题设置为"XXX 公司 2021 年部门销售百分比"。

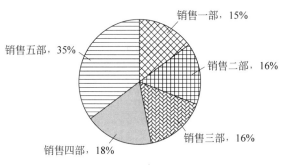

图 4.12　插入饼图

注意：Excel 生成的图表可以直接复制粘贴到 Word 文档中。当修改该图表对应的 Excel 源数据时，Word 文档中的图表会根据源数据自动调整。请读者自行练习。

4. 数据的管理

1）数据筛选

对销售一部到销售五部一至四季度的销售额进行筛选。

(1) 普通筛选。选择 A2～G8 单元格，选择"数据"功能区"排序和筛选"组中的"筛选"命令按钮，如图 4.13 所示。

(2) 数字筛选。单击"销售总额"旁边的下拉箭头，选择"数字筛选"→"大于"命令，如图 4.14 所示。

(3) 自定义筛选。在"自定义自动筛选方式"对话框中，"销售总数"选"大于"，值为 260，单击"确定"按钮，如图 4.15 所示。

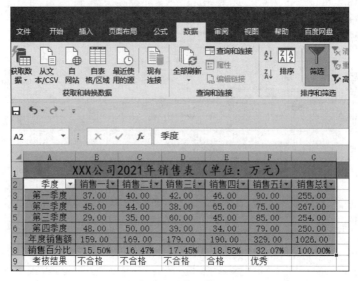

图 4.13 普通筛选

图 4.14 数字筛选

图 4.15 自定义筛选

（4）筛选结果。得到的结果是第二季度的销售总额大于 260 万元，如图 4.16 所示。

注意：若要取消筛选，只需再次单击"筛选"命令按钮即可。

（5）高级筛选条件设置。在 B11～D13 区域按图 4.17 所示输入数据。其中，筛选条件输入在同一行表示为"与"的关系，筛选条件输入在不同的行表示为"或"的关系。

XXX公司2021年销售表（单位：万元）						
季度	销售一部	销售二部	销售三部	销售四部	销售五部	销售总额
第二季度	45.00	44.00	38.00	65.00	75.00	267.00
年度销售额	159.00	169.00	179.00	190.00	329.00	1026.00

图 4.16　筛选结果

（6）高级筛选结果。在"数据"功能区"排序和筛选"组中选择"高级"命令，在"高级筛选"对话框中选中"将筛选结果复制到其他位置"，在"列表区域"选择 A2~G6 区域，在"条件区域"选择 B11~D13 区域，在"复制到"选择 A15~G15 区域，如图 4.18 所示。单击"确定"按钮，得到的结果如图 4.19 所示。

销售一部	销售二部	销售总额
>46	>45	
		>260

图 4.17　高级筛选条件　　　　　　图 4.18　设置高级筛选

XXX公司2021年销售表（单位：万元）						
季度	销售一部	销售二部	销售三部	销售四部	销售五部	销售总额
第一季度	37.00	40.00	42.00	46.00	90.00	255.00
第二季度	45.00	44.00	38.00	65.00	75.00	267.00
第三季度	29.00	35.00	60.00	45.00	85.00	254.00
第四季度	48.00	50.00	39.00	34.00	79.00	250.00
年度销售额	159.00	169.00	179.00	190.00	329.00	1026.00
销售百分比	15.50%	16.47%	17.45%	18.52%	32.07%	100.00%
考核结果	不合格	不合格	不合格	合格	优秀	
	销售一部	销售二部	销售总额			
	>46	>45				
			>260			
季度	销售一部	销售二部	销售三部	销售四部	销售五部	销售总额
第二季度	45.00	44.00	38.00	65.00	75.00	267.00
第四季度	48.00	50.00	39.00	34.00	79.00	250.00

图 4.19　高级筛选结果

2）数据排序

选中 A3~G6 的区域右击，在弹出的快捷菜单中选择"排序"→"自定义排序"命令，打开"排序"对话框，按图 4.20 所示设置排序参数，然后单击"确定"按钮，即可将数据按销售总额从小到大进行排序，结果如图 4.21 所示。

3）分类汇总

（1）数据准备。在 I2~K10 的区域按图 4.22 所示输入数据。

（2）选择汇总的数据。选中表格中 I2~K10 区域，在"数据"功能区"分级显示"组中选

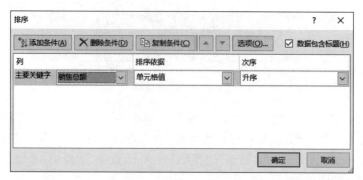

图 4.20 排序参数设置

	A	B	C	D	E	F	G
1	XXX公司2021年销售表（单位：万元）						
2	季度	销售一部	销售二部	销售三部	销售四部	销售五部	销售总额
3	第四季度	48.00	50.00	39.00	34.00	79.00	250.00
4	第三季度	29.00	35.00	60.00	45.00	85.00	254.00
5	第一季度	37.00	40.00	42.00	46.00	90.00	255.00
6	第二季度	45.00	44.00	38.00	65.00	75.00	267.00
7	年度销售额	159.00	169.00	179.00	190.00	329.00	1026.00
8	百分比	15.50%	16.47%	17.45%	18.52%	32.07%	100.00%
9	考核结果	不合格	不合格	不合格	合格	优秀	优秀

图 4.21 排序结果

I	J	K
产品名称	销售季度	销售金额
薯片	一季度	150
薯片	二季度	167
薯片	三季度	154
薯片	四季度	100
饮料	一季度	105
饮料	二季度	100
饮料	三季度	100
饮料	四季度	150

图 4.22 选择汇总数据

择"分类汇总"命令，如图 4.23 所示。

图 4.23 分类汇总示例图

（3）选定汇总项。在弹出的"分类汇总"对话框中，"选定汇总项"中选择"销售总额"，然后单击"确定"按钮，如图 4.24 所示。

注意："分类汇总"对话框中不同的选项会产生不同的汇总结果，请读者自行练习。

（4）生成汇总。得到的汇总结果如图 4.25 所示。

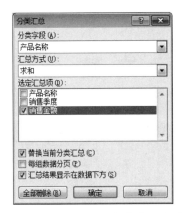

产品名称	销售季度	销售金额
薯片	一季度	150
薯片	二季度	167
薯片	三季度	154
薯片	四季度	100
薯片 汇总		**571**
饮料	一季度	105
饮料	二季度	100
饮料	三季度	100
饮料	四季度	150
饮料 汇总		**455**
总计		**1026**

图 4.24 选择销售金额作为汇总项　　　　图 4.25 汇总结果

实验五　演示文稿

【实验目的】

（1）掌握演示文稿的基础操作，包括创建演示文稿和添加幻灯片。

（2）掌握演示文稿的编辑方法，包括文本、图片、表格、SmartArt 图形、超链接、音视频文件等对象的插入及内容的调整和移动。

（3）掌握设置演示文稿的外观，包括母版、主题、背景的设置。

（4）掌握设置交互式演示文稿，包括实现演示文稿内幻灯片之间的链接，添加超链接和动作按钮来实现交互式演示文稿的创建等。

（5）掌握设置演示文稿的动画和音效等。

（6）掌握放映演示文稿，包括排练计时、自定义幻灯片放映、放映时书写和输出。

【实验环境】

（1）演示文稿制作软件：PowerPoint 2007 及以上版本，WPS 演示 2010 及以上版本。本实验以 PowerPoint 2016 为例进行介绍。

（2）操作系统：能安装以上 PC 版演示文稿制作软件的操作系统均可，例如中文 Windows 7 及以上版本。

【实验内容】

制作华南理工大学本科毕业设计论文答辩的演示文稿。

视频讲解

【实验指导】

1. 创建演示文稿与添加幻灯片

（1）在 Windows 桌面空白处右击，选择"新建"→"Microsoft PowerPoint 演示文稿"命令，然后双击桌面上新生成的 PowerPoint 文件图标，打开 PowerPoint，如图 5.1 所示。

（2）在 PowerPoint 工作区中单击"单击以添加第一张幻灯片"文字区域（见图 5.1），添加第一张幻灯片，如图 5.2 所示。

2. 编辑演示文稿

1）插入文本

（1）在当前幻灯片的"单击此处添加标题"区域单击，输入"基于卷积神经网络的手写数字及写字人识别"，并将字体改为"宋体"，字号改为 60，字体颜色设为"深蓝色"。在"单击此处添加副标题"区域单击，输入"指导老师：张三"，然后按 Enter 键换行，输入"答辩人：XXX

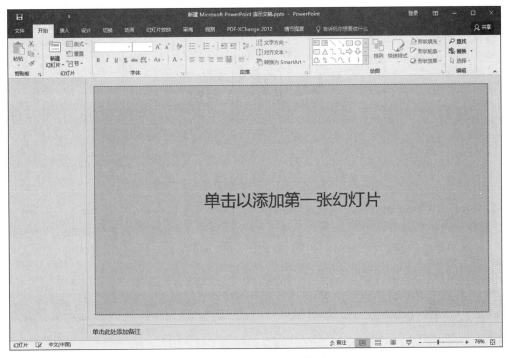

图 5.1 PowerPoint 主界面

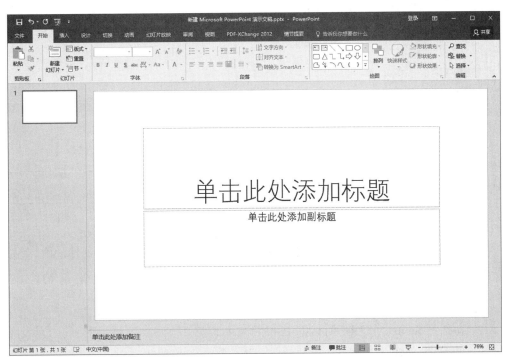

图 5.2 添加第一张幻灯片

(写自己的姓名)"。将字体设置为"宋体",字号设为 32,字体颜色为"黑色"。单击该文本框,在工具栏选择"左对齐",然后将该文本框移动到幻灯片的左下角,如图 5.3 所示。

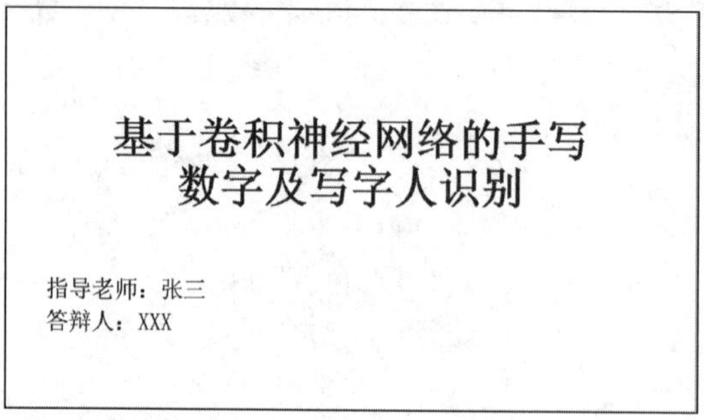

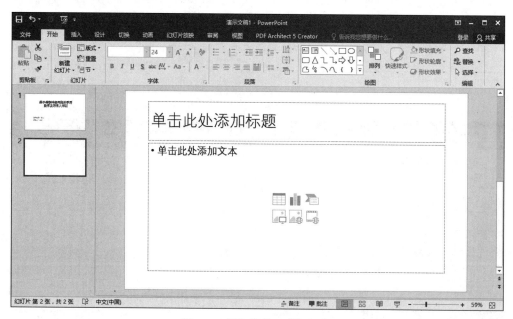

图 5.3　创建演示文稿封面

注意:选择观众可从一段距离以外看清的字形和字号,有助于观众对信息的理解。

(2) 在"开始"功能区"幻灯片"组的"新建幻灯片"列表中选择"标题和内容",插入一页新的幻灯片,完成效果如图 5.4 所示。

图 5.4　添加新的一页幻灯片

(3) 单击"单击此处添加标题"区域,输入"研究背景与目标",字体为"黑体",字号为 44,颜色为"蓝色",如图 5.5 所示。

2) 插入 SmartArt 图形

(1) 在第 2 页幻灯片中,选择"插入"→SmartArt 命令,如图 5.6 所示。

(2) 在选择 SmartArt 图形对话框中单击"文本窗格",在 SmartArt 图形提示的文字框中输入以下文字,如图 5.7 所示。

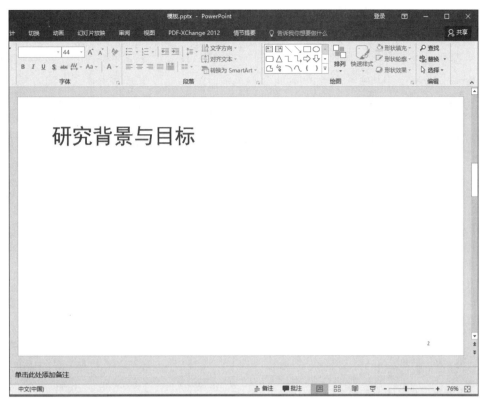

图 5.5　输入标题

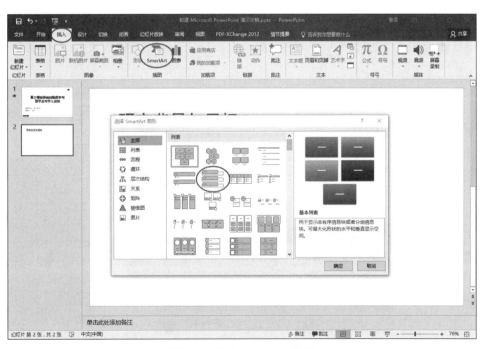

图 5.6　插入 SmartArt 图形

实验五　演示文稿

- 传统的密码因为记忆烦琐以及容易被盗,似乎已经不再能满足这个通信发达的社会的需求
- 基于每个人身上不同的生物特征而研究的鉴别技术现在成为身份辨别技术的主流
- 怎样科学准确地辨别每一个人的身份成为当今社会的重要问题

图 5.7 在 SmartArt 图形中输入文字

(3) 调整 SmartArt 图形的大小与输入文字的格式。选中其中一个蓝色框,如图 5.8 所示。用鼠标拖曳至合适大小,并将文字大小设为 20,字体设为"宋体",如图 5.9 所示。

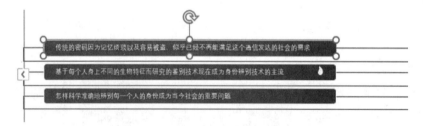

图 5.8 选中其中一个图形框

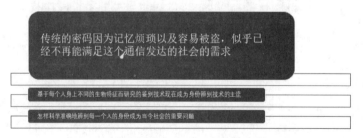

图 5.9 调整蓝色框大小及文字字体与大小

(4) 用同样方法调整剩下两个图形框,效果如图 5.10 所示。

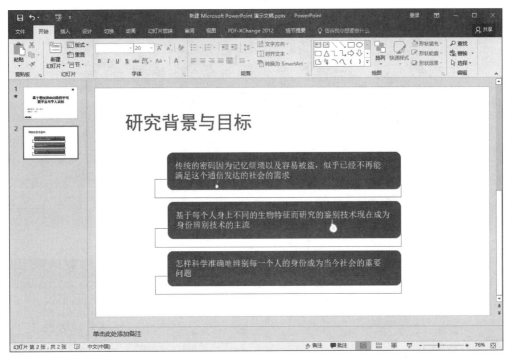

图 5.10 插入 SmartArt 图形后的最终设计效果

注意：除了 SmartArt 外,使用项目符号或短句也可使文本简洁和条理清晰。

3) 快速克隆幻灯片

(1) 插入一页新的幻灯片,选择"仅标题",将本页的标题改为"研究成果",格式与上一页的标题相同,字体为"黑体",颜色为"蓝色",字号为 44。

(2) 再插入一页幻灯片,并且格式与上一页相同：在左侧栏选中第 3 页幻灯片,按快捷键 Ctrl+D,即可完成复制。

注意：演示文稿应最大限度地减少幻灯片数量,这样可使所传达的信息更简洁明了。

4) 插入图片

在第 3 页幻灯片插入研究成果图片。给定图 5.11(a)和图 5.11(b)两幅图片,右击图 5.11(a),在弹出的快捷菜单中选择"复制"命令,在第 3 页幻灯片中右击,在弹出的快捷菜单中"选择粘贴图片",粘贴后按住 Shift 键拖动图片至合适大小,然后将图片移至合适位置。对图 5.11(b)做同样的操作。

接下来选择"插入"功能区"文本"组的"文本框"命令按钮,在第一幅图片下方空白处单击,然后在文本框中输入"a)实验训练集";同样,在另一幅图片下方插入文本框,并输入"b)实验测试集";字体为"宋体",字号为"18";最后在两幅图下方中间位置输入"图 1ABCvsA 数字识别实验集"。完成效果如图 5.12 所示。

5) 插入表格

在第 4 页幻灯片中绘制图 5.13 所示的表格。

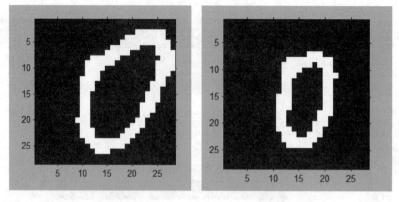

(a) 实验训练集 (b) 实验测试集

图 5.11 ABCvsA 数字识别实验集

图 5.12 在幻灯片中插入图片

训练样本	ABC	样本个数	3000
测试样本	A	样本个数	1000
训练次数	—	单次训练样本数	10
学习率	1	正确率	99.50%

图 5.13 表格样例

(1) 选中第 4 页幻灯片,选择"插入"→"表格"→"插入表格"命令,行数和列数都设置为 4,如图 5.14 所示。

(2) 调整表格到合适的大小,并将表格移至幻灯片中部。选中表格,单击"设计"选项卡中的"边框"下拉箭头,选择"所有框线";然后单击"底纹"下拉箭头,选择"无填充"。依旧选中表格,在"开始"功能区"段落"组中选择"居中",依次在表格中输入图 5.13 所示内容,字体颜色为"黑色",字体为"宋体",字号为 24,并将第 1 列和第 3 列的文字改为粗体。效果如图 5.15 所示。

图 5.14　设置表格行列数

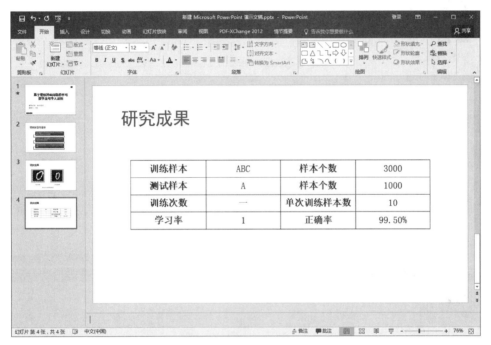

图 5.15　在幻灯片中插入表格

6) 插入超链接

(1) 插入一页新的幻灯片,幻灯片标题格式与第 3 页相同,标题内容为"参考文献"。建立文本框,输入以下内容(设置行距为 2.0,字号为 20,中文字体为"宋体",英文字体为 Times New Roman)。

[1]　LeCun Y,Bottou L,Bengio Y,et al. Gradient-based learning applied to document recognition[J]. Proc. IEEE,1998,86(11):2278-2324.

[2]　Ngiam J,Chen Z,Chia D,et al. Tiled convolutional neural networks[C]. Advances in Neural Information Processing Systems. 2010:1279-1287.

[3]　田露. 基于多特征数据融合的离线中文笔迹鉴别研究[D]. 河南大学,2011.

效果如图 5.16 所示。

(2) 选中参考文献[1]右击,在弹出的快捷菜单中选择"超链接",在弹出的"插入超链接"窗口中的"地址"栏输入 http://ieeexplore.ieee.org/document/726791?reload=true,然后单击"确定"按钮。插入完成后,按住 Ctrl 键单击网址即可访问目的网页,如图 5.17 所示。

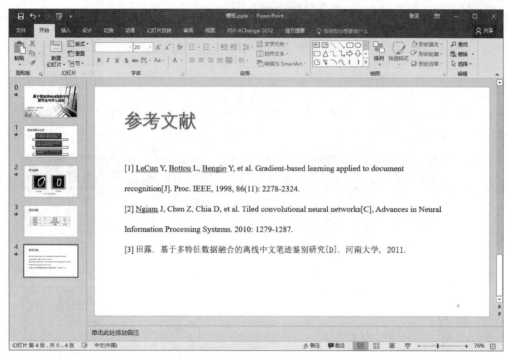

图 5.16 输入参考文献

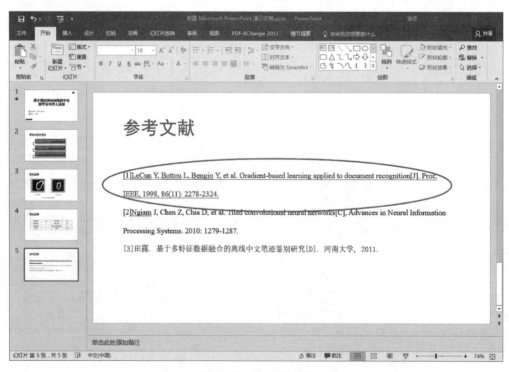

图 5.17 插入超链接

7）插入艺术字

（1）新建空白幻灯片，选择"插入"→"艺术字"命令，如图 5.18 所示。

图 5.18　插入艺术字

（2）输入文字 THANKS，字体为 Times New Roman，字号为 96，最终效果如图 5.19 所示。

图 5.19　艺术字效果

注意：图片等对象比文字的表达效果更好。演示文稿应适当地使用图片、艺术字、表格等。

3. 设置演示文稿的外观

1）修改幻灯片主题

（1）在"设计"功能区中有 Office 预先设定好的若干主题，如图 5.20 所示。

图 5.20　主题选项

（2）选择第一项 Office 主题，即可应用到全部幻灯片。

2) 插入背景图片

(1) 右击图 5.21 所示图片，在弹出的快捷菜单中选择"另存为图片"命令，将图片保存至合适的位置。命名自定，推荐 background.jpg。此图片将作为演示文稿的封面背景。

图 5.21 background.jpg

(2) 右击第一张幻灯片页面的空白处，在弹出的快捷菜单中选择"设置背景格式"；或者在"设计"功能区"自定义"组中选择"设置背景格式"命令。在弹出的"设置背景格式"对话框中，"填充"选择"图片或纹理填充"；"插入图片来自"选择"文件"，选择实验文件中提供的 background.jpg 文件，然后单击"全部应用"按钮，如图 5.22 所示。

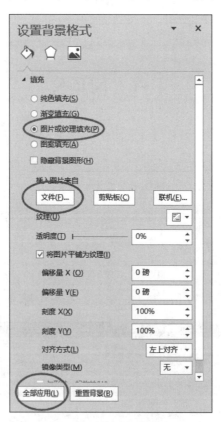

图 5.22 设置背景图片

最终插入效果如图 5.23 所示。

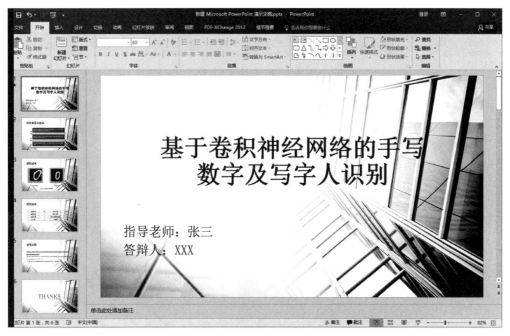

图 5.23　设置全部幻灯片的背景图片

3）修改幻灯片母版

（1）选择"视图"→"幻灯片母版"命令，如图 5.24 所示。

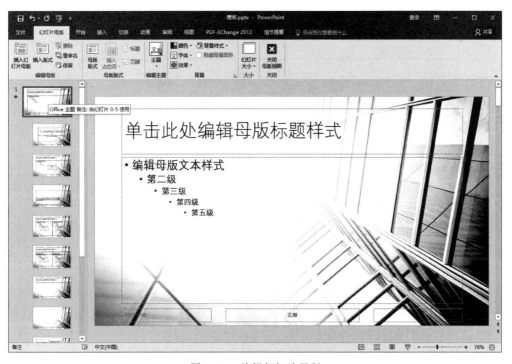

图 5.24　编辑幻灯片母版

(2) 在"单击此处编辑母版标题样式"处选中文字,将字体改为"黑体",颜色设置为"蓝色",将文字格式设为"加粗"和"文字阴影"。效果如图 5.25 所示。

图 5.25　设置母版标题格式

注意:选择合适的色彩,能使背景颜色和文本颜色之间具有高对比度。

(3) 选择"关闭母版视图",如图 5.26 所示。完成后可以发现所有幻灯片的标题都已经改为母版设置的格式。

图 5.26　关闭母版视图

4. 交互式演示文稿的设置

(1) 在第一页幻灯片中选择"插入"→"形状"→"动作按钮"中第 2 个选项,如图 5.27 所示。

(2) 在弹出的"操作设置"对话框中,选择"单击鼠标"选项卡中的"超链接到"→"下一张幻灯片",然后单击"确定"按钮,如图 5.28 所示。

(3) 调整动作按钮的大小,放置到幻灯片的左下角,如图 5.29 所示。

(4) 参照(1)~(3)的操作,将幻灯片的每一页都插入动作按钮,使得每一页都可以通过单击动作按钮,直接访问"上一页幻灯片""下一页幻灯片""第一页幻灯片"和"最后一页幻灯片"。

5. 设置演示文稿动画和音效等

1) 设置幻灯片的切换方式

选择"切换"功能区,在"切换到此幻灯片"中选择任一种方式,比如"淡出";在"换片方

图 5.27　插入动作按钮

图 5.28　动作按钮的操作设置

图 5.29　完成动作按钮的插入

式"中选择"单击鼠标时"复选框；最后选择"全部应用"，即可完成所有幻灯片的切换设置，如图 5.30 所示。

图 5.30　设置幻灯片的切换方式

2）设置幻灯片内的动画

选择最后一页幻灯片，选中艺术字 THANKS，"动画"方式选择→"飞入"，"计时"选择"单击时"开始，如图 5.31 所示。

图 5.31　设置图片的动画效果

注意：单击"动画窗格"可调整幻灯片页面的动画详细设置，请读者自行练习。

3）设置音效

选择第一页幻灯片，单击"插入"→"形状"，选择"动作按钮"中的"声音按钮"，如图 5.32 所示。

将声音按钮放置在幻灯片的右上角。在弹出的操作设置窗口中，选择"播放声音"复选框，在下拉列表中可以选择系统提供的声音类型；也可以选择"其他声音"，自行导入音频文件，如图 5.33 所示。

6. 演示文稿放映

1）排练计时

在"幻灯片放映"功能区选择"排练计时"，如图 5.34 所示。在完成所有幻灯片放映后，可以保存幻灯片计时，下次播放时演示文稿会按照排练计时的时间自动放映，如图 5.35 所示。

图 5.32 插入声音按钮

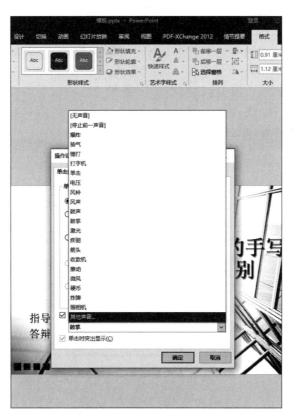

图 5.33 插入声音文件

图 5.34　排练计时

图 5.35　保留幻灯片计时

2) 自定义幻灯片放映

(1) 选择"幻灯片放映"→"自定义幻灯片放映"命令，在弹出的窗口中选择"新建"；在新弹出的"定义自定义放映"对话框中，选择想要播放的幻灯片，单击"添加"按钮，最后单击"确定"按钮，如图 5.36 所示。

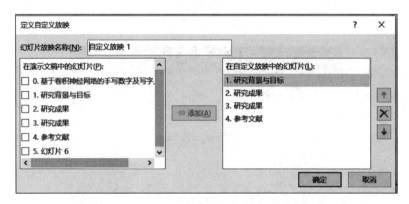

图 5.36　自定义幻灯片放映

(2) 如图 5.37 所示，选中设定好的放映方式，单击"放映"即可。

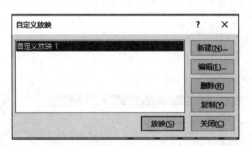

图 5.37　放映设定好的自定义模式

3) 放映时书写

在放映幻灯片过程中，右击幻灯片，在弹出的快捷菜单中选择"指针选项"→"笔"命令，即可在幻灯片上用鼠标控制书写和标记,如图 5.38 所示。

图 5.38　放映时书写

注意：演讲者应在演讲前检查演示文稿,避免语法和拼写上的错误。

4) 幻灯片输出

(1) 另存为。选择"文件"→"另存为"命令,可将该演示文稿存为.pptx、.ppt、.pdf 等格式。本实验可将演示文稿保存为.pptx 格式到合适的存储位置,并将文件名改为"姓名＋班级＋学号.pptx"。

(2) 保存并发送。选择"文件"→"保存并发送"命令,可将文稿保存成多种其他格式,且可用邮件发送或打包成 CD,读者请自行练习。

实验六　图像处理

【实验目的】

（1）掌握在图像处理软件中进行图像的基本编辑，例如图像的变换旋转、图像位置的调整、图像颜色的处理、选区的设置等。

（2）掌握在图像处理软件中进行图像的高级处理，例如图像的合成、图像的滤镜、图层的常规操作，如新建、填充、删除等。

（3）掌握在图像处理软件中进行简单帧动画的制作。

【实验环境】

（1）图像处理软件：具有图像基本功能和高级功能的软件均可。本实验采用Photoshop CC 2017。

（2）操作系统：Windows 7及以上版本。

【实验内容】

（1）修饰图像。

（2）淡黄色的记忆。

（3）心形贺卡。

（4）燃烧字。

（5）闻味的小狗狗。

（6）换脸。

视频讲解

【实验指导】

1. 修饰图像

要求：修饰一张有红眼、有斑点的照片。

知识点：修复画笔工具组的使用。

工具：Photoshop CS或Photoshop CC各版本，本例采用Photoshop CC 2017版本（其中"内容识别工具"须使用CS5以后的版本）。

作品素材及完成效果如图6.1所示。

操作步骤：

（1）打开素材。在Photoshop中，选择菜单"文件"→"打开"命令，打开名为"红眼前.jpg"的图像。

原图　　　　　　　　　　　　　　　效果图

图 6.1　图像的修饰前后对比图

(2) 消除红眼。从"工具箱"中选择"红眼工具",如图 6.2 所示;在图像的红色瞳孔上单击,红眼消除工具将把红色替换成黑色,如图 6.3 所示。

图 6.2　选择"红眼工具"　　　　　图 6.3　修复红眼后

(3) 修复斑点。将图像中某个区域的像素复制至有斑点的区域。具体如下。

① 从工具箱中选择"修复画笔工具"，方法与选择"红眼工具"相同。在其工具属性栏中设置画笔大小值为 10 像素,其他按照默认值设置。

② 先按住 Alt 键在人脸无斑点处单击设置取样点,再放开 Alt 键并将指针移至斑点处单击,对斑点处进行局部修复,观察效果,反复操作,直到达到图 6.3 所示效果。

(4) 保存图像。选择菜单"文件"→"存储为"命令,将当前编辑的图像保存为所需格式文件。

注意:本例中"修复斑点"操作除用"修复画笔工具"外,还可以使用"污点修复画笔工具""修补工具""内容感知移动工具"实现最终效果,请读者思考并练习其他方法。

2. 淡黄色的记忆

要求:以浅黄色的方形为背景,添加人物。

知识点:选框工具的样式设置;图像的变换旋转;图像位置的调整;辅助工具的使用。

工具:Photoshop CS 及以上版本,本例采用 Photoshop CC 2017 版本。

视频讲解

作品素材及完成效果如图 6.4 所示。

操作步骤:

(1) 打开素材。选择"文件"→"打开"命令,打开背景和人物素材,如图 6.5 所示。

(2) 复制图像。选择移动工具单击"人物"图像,按住鼠标左键,将"人物"图像移至"背景"编辑窗口,如图 6.6 所示。

素材

效果图

图 6.4 实例-淡黄色的记忆

图 6.5 打开素材

(3) 调整图像大小。选择"编辑"→"自由变换"工具,配合图像抓手工具,将"人物"图层的图像缩小至相框大小,并按 Enter 键确认(当需要对"人物"图像边缘进行模糊化时,可以使用选择工具选取图像的全部区域,并合理设置羽化值,然后选择复制并粘贴至"背景"编辑窗口),如图 6.7 所示。

(4) 复制多个图像:重复步骤(2)和(3),将"人物"放至"背景"中不同位置,完成效果如图 6.8 所示。

(5) 完成作品:选择"文件"→"存储为"命令,将最终作品保存为所需格式。

3. 心形贺卡

要求:通过钢笔工具的使用,制作一个以心形图案填充的贺卡。

知识点:钢笔工具设置路径;把路径转换为选区,并载入图像中;定义和填充图案。

图 6.6 复制图像

图 6.7 调整大小

图 6.8 复制多个图像

工具：Photoshop CS 及以上版本，本例采用 Photoshop CC 2017 版本。

过程及完成效果如图 6.9 所示。

操作步骤：

(1) 新建"贺卡.psd"文件。选择"文件"→"新建"命令，在打开的"新建"对话框中设置参数，如图 6.10 所示，并保存为"贺卡.psd"文件。

(2) 创建心形路径。

① 选择工具箱的钢笔工具 ，画出楔形路径。选择选项工具栏上的 路径 建立 选项，确保生成的是路径，在图像的空白处点 4 个锚点，最后回到起点的锚点，此时鼠标后面会出现一

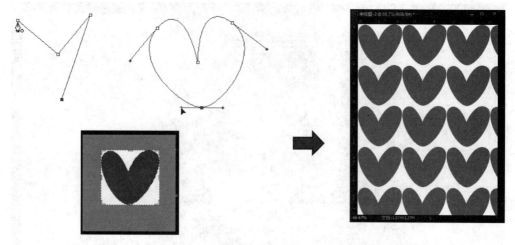

图 6.9 实例-心形贺卡

图 6.10 新建文件属性设置窗口

个小圆圈,如图 6.11 所示。单击封闭路径,如图 6.12 所示。

② 选择工具箱的钢笔工具组的最后一栏的转换点工具 ,先单击选择锚点,再按住鼠标左键不放松,拖动鼠标拉出曲线,把楔形转换为心形,如图 6.13 所示。

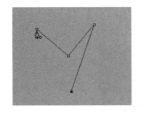 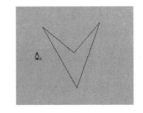 

图 6.11　未封闭的楔形路径图　　　图 6.12　已封闭的楔形路径　　　图 6.13　楔形转换为心形

(3) 把路径转换为选区。

① 单击路径面板,选择工作路径,如图 6.14 所示。

② 右击工作路径区域,在弹出的快捷菜单中选择"建立选区"后按"确定"按钮,如图 6.15 所示,也可单击"将路径作为选区载入"按钮 ,最后效果如图 6.16 所示。

图 6.14　心形工作路径

图 6.15　从路径中建立选区　　　　图 6.16　把路径转换为选区

(4) 制作红色的心形。

① 把前景色设为红色,选择工具箱渐变工具选项最后一项的油漆桶工具 ,在心形选区里填色。

② 利用工具箱的裁切工具 ,根据大小的需要裁切心形图案,按 Enter 键确定,如图 6.17 所示。

图 6.17　裁切图像

（5）把心形定义为图案。选择"编辑"→"定义图案"命令，单击"确定"按钮，如图 6.18 所示。

图 6.18　设置图案名称

注意：需要定义为图案的图像必须是用矩形选框或裁切工具形成的方形区域，圆形区域不能定义为图案。

（6）新建"心形贺卡.psd"文件。选择"文件"→"新建"命令，在打开的"新建"对话框中设置参数，如图 6.19 所示。

图 6.19　新建文件属性设置窗口

（7）用心形图案填充文件。选择"编辑"→"填充"命令，在弹出窗口的自定义图案下拉菜单中选择刚定义的心形图案，如图 6.20 所示，把不透明度设为 50%，然后单击"确定"按钮，效果如图 6.21 所示，作品完成。

4. 燃烧字

要求：用 Photoshop 制作火焰缭绕的燃烧字效果。

知识点：滤镜的概念及使用；文字的输入和文字图层的使用；渐变映射的概念和使用。

图 6.20　填充图案　　　　　　　图 6.21　填充效果

工具：Photoshop CS 及以上版本，本例采用 Photoshop CC 2017 版本。
完成效果如图 6.22 所示。

图 6.22　燃烧字

操作步骤：

(1) 新建文档。用"文件"菜单的"新建"命令，或者使用快捷键 Ctrl+N 新建一个图像文件，背景填充为"黑色"，如图 6.23 所示。

(2) 输入文字。使用文本工具在图像中输入"燃烧"两字，"颜色"为白色。其他设置如图 6.24 所示。

图 6.23　新建文档　　　　　　　图 6.24　输入文字

(3) 调整文字。调整文字的位置,右击文字图层,在弹出的快捷菜单中选择"栅格化文字"命令,使用图层菜单的合并图层命令合并图层。操作完成后图层选项卡如图 6.25 所示。

(4) 旋转图像。选择"图像"→"图像旋转"→"90 度(顺时针)"命令,将图像顺时针旋转 90°,如图 6.26 所示。

图 6.25　调整文字　　　　　　　图 6.26　旋转图像

(5) 滤镜——风。选择菜单"滤镜"→"风格化"命令,执行"风"滤镜。选择"方法"栏中的"风"项,"方向"栏中的"从左"项,然后按组合键 Ctrl+Alt+F,再次执行刚使用过的滤镜操作,加强风吹效果,如图 6.27 所示。

(6) 旋转图像。选择"图像"→"图像旋转"→"90 度(逆时针)"命令,将图像逆时针旋转 90°。

(7) 滤镜——波纹。选择"滤镜"→"扭曲"→"波纹"滤镜,使火焰飘起来。调节数量和大小,获得最佳火焰效果,如图 6.28 所示。

图 6.27　滤镜——风　　　　　　　图 6.28　滤镜——波纹

（8）颜色调整。选择菜单"图像"→"调整"→"渐变映射"命令，打开如图6.29(a)所示"渐变映射"对话框。单击渐变条编辑渐变色，调整颜色如图6.29(b)所示。在这里设置4个色标的颜色值分别为：000000（黑色）、FF6600（橙色）、FFFF33（黄色）、FFFFFF（白色），当然也可以试试别的颜色。单击"确定"按钮，颜色调整后的效果如图6.29(c)所示。

(a)"渐变映射"对话框

(c)完成效果

(b)"渐变编辑器"对话框

图6.29 颜色调整

注意：有些文献使用索引模式的颜色表对"燃烧"二字进行颜色调整，请读者自行查阅并练习。

（9）图层样式设置。双击"背景"层，将背景层转化为图层。双击图层名称，进入"图层样式"对话框，选择"图层"→"图层样式"→"内阴影"命令，参数设置如图6.30所示。

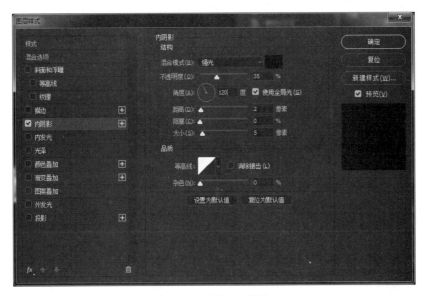

图6.30 设置内阴影

选择"内发光",如图 6.31 所示。单击"确定"按钮。

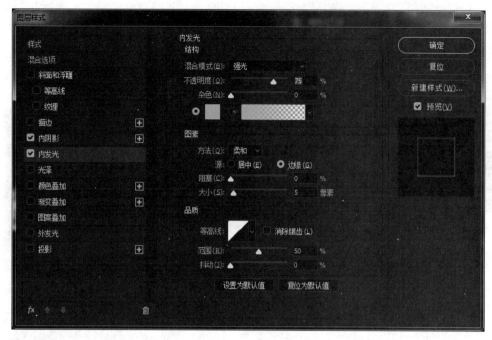

图 6.31　设置内发光

(10) 完成作品。执行菜单"文件"→"存储为"命令,可以将当前编辑的图像保存为所需格式文件。完成后效果如图 6.22 所示。

5. 闻味的小狗狗

要求:用 Photoshop 处理"小狗狗"图片,制作动画效果。

知识点:滤镜的处理;帧动画的原理;图层面板和时间轴面板的综合运用等。

工具:Photoshop CS2 及以上版本,本例采用 Photoshop CC 2017 版本。

操作步骤:

(1) 打开文件。打开一张名为"小狗狗.jpg"文件,如图 6.32 所示。

(2) 选中"鼻子"。使用椭圆选区工具将小狗狗的鼻子选中(选区不宜太大,羽化值取 1),如图 6.33 所示。

视频讲解

图 6.32　打开素材

图 6.33　选取局部

(3) 复制"鼻子"。按快捷键 Ctrl+J(或菜单命令的"复制"和"粘贴"命令),将选区内容复制到新图层,得到图层1,如图 6.34(a)所示。将图层1再复制1次,并将图层名字分别更改为"吸""张",如图 6.34(b)所示。

(a) 图层1　　　　　　(b) 图层 "张" "吸"

图 6.34　复制图层

(4) 液化"鼻子"。选择"吸"图层,选择菜单"滤镜"→"液化"命令,用鼠标将鼻子往鼻尖方向稍加变形,做出鼻子往内吸的效果,如图 6.35 所示。接着将"张"图层也做液化处理,做出鼻子往外张开的效果。

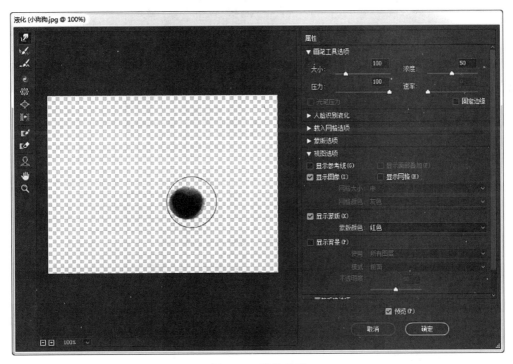

图 6.35　液化局部

(5) 打开"帧动画"控制面板。选择"窗口"→"时间轴"命令,打开时间轴控制面板。从下拉列表中选择"创建帧动画",如图 6.36 所示。

(6) 设置动画属性。单击图 6.37 中白色画线部分,将时间设为"0.1 秒",这样设置后,隔 0.1 秒后就会换下一幅图,如图 6.38 所示。单击面板底部的"新建帧"按钮 3 次,新建 3 个帧,如图 6.39 所示。

图 6.36　打开时间轴面板

图 6.37　打开时间间隔设置列表

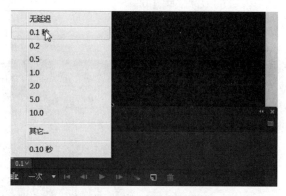

图 6.38　设置时间间隔

图 6.39　新建帧

(7) 设置帧内容。单击第 1 帧,单击按钮 ◉ 调整图层面板的"显示/隐藏"选项,隐藏"吸"和"张"图层,如图 6.40 所示。用同样的方法设置第 2～4 帧的显示内容,如图 6.41 所示。单击时间轴面板下面的播放按钮 ▶,观察效果。

(8) 完成作品。选择"文件"→"存储为 Web 和所用格式"命令,将动画保存为 .gif 文件。

图 6.40　设置第 1 帧

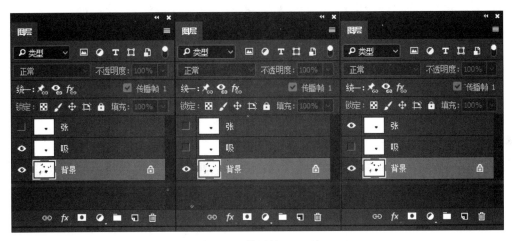

图 6.41　设置第 2～4 帧

6. 换脸

要求：通过替换人物图片中脸部部分，达到人物换脸的效果。

知识点：使用多种选择工具进行图像的选择；结合菜单进行选区的选择和变换；图层的选择与切换。

工具：Photoshop CS 及以上版本，本例采用 Photoshop CC 2017 版本。

素材及完成效果如图 6.42 所示。

【操作步骤】

（1）打开素材。将两张准备好的素材图片同时在 PS 中打开，如图 6.43 所示。

（2）复制图像。使用矩形选框工具，选中人物头部，按快捷键 Ctrl+C，如图 6.44 所示。

（3）粘贴图像。选择背景图层，按快捷键 Ctrl+V，如图 6.45 所示。

视频讲解

素材1　　　　　　　　　　素材2　　　　　　　　　　效果图

图 6.42　实例——换脸

图 6.43　打开素材

图 6.44　选中图像头部

图 6.45　粘贴"头部"

(4)设置不透明度。选择图层1,将不透明度降为50%,如图6.46所示。

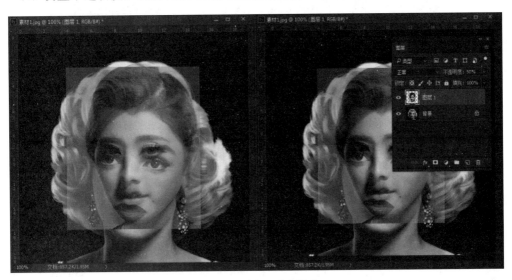

图 6.46 设置不透明度

(5)调整图像位置。选择菜单命令"编辑→自由变换"命令(快捷键 Ctrl+T),将人物头部自由变换,反复调整,放到合适位置,如图6.47所示。

(6)添加蒙版。单击图层面板下方的"添加蒙版"按钮,为图层1添加蒙版,使用黑色画笔工具,把硬度降低为0,慢慢擦掉脸部不需要的部分,如图6.48所示。

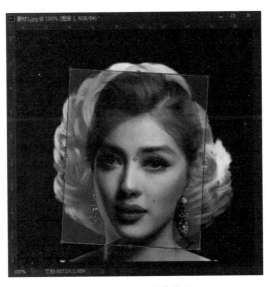

图 6.47 调整图像位置

(7)调整图像。感觉脸部颜色差别很大,可选择"图像"→"调整"→"曲线"命令,对红、绿、蓝通道进行调整,如图6.49所示。

(8)反复调整。观察图像的效果,反复调整曲线,如图6.50所示。也可使用"图像"→"调整"中的其他命令进行调整,达到最终的效果,如图6.51所示。

图 6.48 添加蒙版

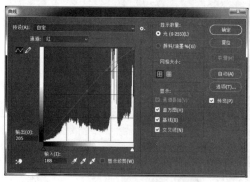
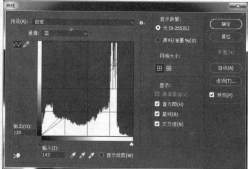

图 6.49 调整图像"曲线"

图 6.50 反复调整中　　　　　　　图 6.51 最终效果

(9) 完成作品。右击任意图层,在弹出的快捷菜单中选择"合并可见图层"命令,将文件保存为所需格式。也可继续用其他图像编辑工具和命令对图像进行修饰,达到最终的满意效果。

实验七　动画制作

【实验目的】

学会利用 Animate CC 动画处理软件进行简单的动画制作。

【实验环境】

(1) 动画制作软件：Animate CC 2017 中文版。
(2) 操作系统：中文 Windows 7 及以上版本。

【实验内容】

(1) 制作逐帧动画。
(2) 制作动作补间动画。
(3) 制作形状补间动画。

【实验指导】

视频讲解

1. 制作逐帧动画

制作目的：制作一个逐字出现的动画效果。

制作要点：文本工具的应用；对象的分离。

作品效果：如图 7.1 所示。

操作步骤：

(1) 新建文档。新建一个文档,设置舞台大小为 550×200 像素,颜色为黑色。

(2) 输入文本对象。

① 选择工具栏上的文本工具 T ,然后在其属性面板里设置好参数(如图 7.2 所示);移动鼠标到舞台恰当的位置单击并输入 START;用选择工具 ▸ 调整好文本的位置,如图 7.3 所示。

② 选中文本,选择"修改"→"分离"命令,或者按快捷键 Ctrl+B,将文本整体分离成为五个对象,如图 7.4 所示。

(3) 制作多个关键帧。将光标移动到文本内右击,在弹出的快捷菜单中选择"分布到关键帧"命令,留意时间轴面板帧标记的变化。

(4) 按快捷键 Ctrl+Enter 测试影片,并保存文件。

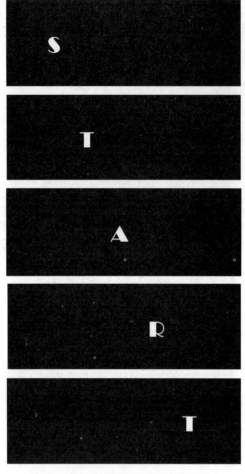

图 7.1 逐字出现的动画效果图　　　　　图 7.2 设定文本属性

图 7.3 输入文本　　　　　　　　　　　图 7.4 分离文本

注意：如认为动画播放速度太快，可以选择"修改"→"文档"命令，打开"文档设置"对话框，把帧频的值改小，再测试动画观察播放效果的变化。

2. 制作动作补间动画

制作目的：制作一个动作补间动画。

制作要点：动作补间动画；对象透明度；洋葱皮效果。

作品效果如图 7.5 所示。

视频讲解

图 7.5　动作补间动画效果图

操作步骤：

(1) 新建文档。新建文档，并保留文档默认的设置。

(2) 制作第 1 个关键帧。在时间轴第 1 帧绘制一个正方形并双击选中，然后右击，在弹出的快捷菜单中选择"转换为元件"命令，将其转化为图形元件，如图 7.6 所示。

(3) 制作最后一个关键帧。选中时间轴第 15 帧并右击，在弹出的快捷菜单中选择"插入关键帧"命令，然后将正方形向右移动一定的距离，并应用任意变形工具缩小正方形，在"属性"面板"色彩效果"部分的"样式"下拉列表选择 Alpha，并设置其值为 30%，令正方形变得更透明，如图 7.7 所示。设置完成后的第 15 帧如图 7.8 所示。

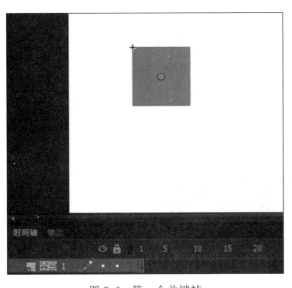

图 7.6　第一个关键帧

图 7.7　设置正方形的透明度

(4) 在两个关键帧之间创建动作补间。

右击第 1 帧，在弹出的快捷菜单中选择创建动作补间，即完成动作补间动画的制作。该例实现了一个大的正方形逐渐变小并向右移动，最后变成小到有点透明的动画。单击时间轴面板的绘图纸外观按钮■，打开洋葱皮效果，将帧序号上的中括号■拖到第 15 帧上，可以看到从第 1 帧到第 15 帧的过渡过程，如图 7.9 所示。

(5) 按快捷键 Ctrl+Enter 测试影片，并保存文件。

3. 制作形状补间动画

制作目的：制作一个形状补间动画。

视频讲解

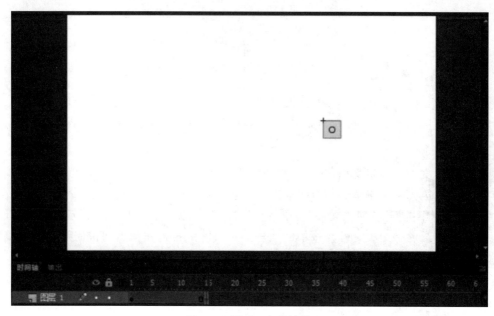

图 7.8 最后一个关键帧

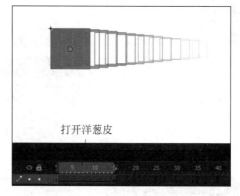

图 7.9 洋葱皮效果下的动作补间

制作要点：素材的导入；文本工具的应用；对象的分离。

作品效果：如图 7.10 所示。

图 7.10 形状补间动画效果图

操作步骤：

(1) 新建文档。新建文档时可保留文档默认的设置。

(2) 制作背景图层。

① 选择"文件"→"导入"→"导入到舞台"命令，在弹出的"导入"对话框中选择"生日快乐.jpg"，并单击"打开"按钮，回到场景1中。

② 重命名"图层1"为"背景"，右击第40帧，在弹出的快捷菜单中选择"插入帧"命令。

(3) 制作变形图层。

① 在时间轴面板图层区单击 ，在"背景"图层上新建图层，并重命名为"生"。

② 单击"生"图层的第1帧，选择"文件"→"导入"→"导入到舞台"命令，在弹出的"导入"对话框中选择 cake1.png，单击"打开"按钮。由于本例中素材以 cake1.png、cake2.png、cake3.png、cake4.png 进行命名并保存在同一个文件夹里面，Animate 会自动识别出这个图像序列，因此这时会弹出如图 7.11 所示的对话框。如单击"是"按钮，则这个图像序列会被一起导入到当前图层的几个连续帧上。单击"否"按钮，回到场景 1 中。

图 7.11　导入序列图像对话框

③ 选中"生"图层上导入的"蛋糕"图形，应用工具栏中的任意变形工具 ，将"蛋糕"图形缩小，如图 7.12 所示。接着右击，弹出快捷菜单，选择"分离"命令，将图形打散。

图 7.12　导入"蛋糕"图形

④ 右击"生"图层的第 30 帧，在弹出的快捷菜单中选择"插入空白关键帧"命令，然后选择工具栏上的文本工具 在蛋糕图形所在的位置输入"生"，并且按图 7.13 所示设置属性。接着右击，在弹出的打开快捷菜单中选择"分离"命令，将文字打散。完成后时间轴面板如图 7.14 所示。

图 7.13 文本属性设置

图 7.14 时间轴面板

⑤ 单击"生"图层的第 1 帧,选择"插入"→"补间形状"命令,创建蛋糕图形与字之间的形状补间动画。

⑥ 用同样的方法制作"日""快""乐"图层。完成后时间轴面板如图 7.15 所示。

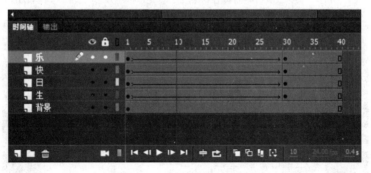

图 7.15 时间轴面板的设置

(4) 按快捷键 Ctrl+Enter 测试影片,并保存文件。

注意:在创作形状补间动画的过程中,如果使用的元素是图形元件、按钮和文字,则必须先将其"分离"(Ctrl+B),然后才能创建形状补间动画。

实验八 网页制作

【实验目的】

(1) 掌握网页制作的基本手段。
(2) 掌握网站制作的基本流程。
(3) 掌握利用 Dreamweaver 制作网站的操作。

【实验环境】

(1) 网页制作软件：Adobe Dreamweaver CS 各版本、Adobe Dreamweaver CC 各版本均可实现。本实验采用 Adobe Dreamweaver CC 2017 版本。
(2) 操作系统：Windows 7 及以上版本。

【实验内容】

制作虚拟餐厅网站。

【实验指导】

1. 网站制作前期工作

(1) 需求分析。根据要求，该网站是一家餐厅的网站，重于宣传，网页内容应该有和餐厅相关的文字和图像等多媒体信息，以提高观众的注意力。虚拟餐厅面向年轻顾客，网站风格应偏简洁。

(2) 结构设计。该网站结构相对简单，总体结构由一个主页和多个次主页构成。

注意：由于篇幅关系，本实验只演示一个次主页的实现过程。

(3) 页面详细设计。页面均采用表格来控制布局，页面由文字、图像和 Flash 动画组成。

(4) 素材制作与整理。

根据网站的设计方案，可利用 Photoshop、Animate 等工具制作网站所需素材，并将素材按类别整理好，存放在本机硬盘的一个文件夹中，路径为 C:\website。

视频讲解

2. 在 Dreamweaver 中建立和管理站点

(1) 建立站点。启动 Dreamweaver，选择"站点"→"新建站点"命令，弹出"站点设置对象"对话框。在站点名称文本框中输入即将建立的站点的名字，如 mysite，本地站点文件夹为 C:\website，如图 8.1 所示。

视频讲解

(2) 编辑本地信息。在对话框左边列表中选择"高级设置"选项,设置网站"默认图像文件夹"为 C:\website\\images。在 Web URL 中可输入用于在 Internet 上访问你的站点的 URL 地址,如 http://localhost/mysite,然后单击"保存"按钮,如图 8.2 所示。

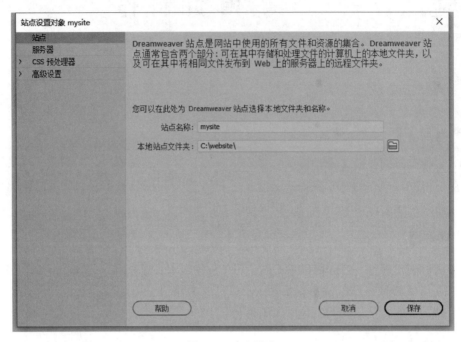

图 8.1　建立站点

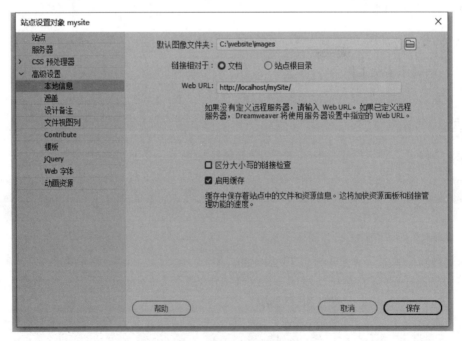

图 8.2　编辑站点本地信息

(3) 完成站点配置。在 Dreamweaver 主界面右方的"文件"选项卡中显示了站点中所有的文件列表，并可在此选项卡中对站点资源（如网页文件、图片、音视频等）进行管理，如图 8.3 所示。

图 8.3 文件面板

3. 设计制作网站主页

(1) 新建网页。选择"文件"→"新建"命令，打开"新建文档"对话框，新建一个 HTML5 网页文件，在"标题"文本框中输入 Cafe Townsend，如图 8.4 所示。单击"创建"按钮，并选择"文件"→"保存"命令保存文档，将文档命名为 index.html。

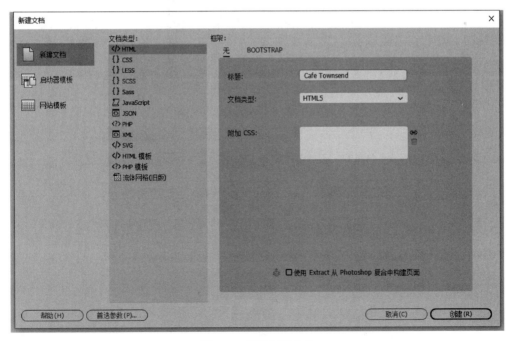

图 8.4 新建网页文件

(2) 新建层。选择"插入"→"布局对象"→"Div 标签"命令,保持"插入 Div 标签"对话框各默认选项,插入一个层,如图 8.5 所示。

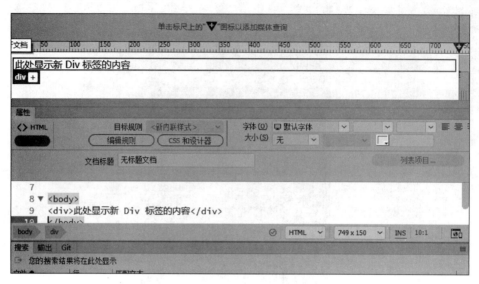

图 8.5 插入"层"

注意:页面可以用"层"作为布局元素。本例中只有一个层,因此步骤可以省略。

(3) 插入第 1 个表格。选择"插入"→"表格"命令,在弹出的选项中选择"嵌套"选项,向页面中插入一个用于布局的表格,并按照图 8.6 所示数据设置表格的各项参数。

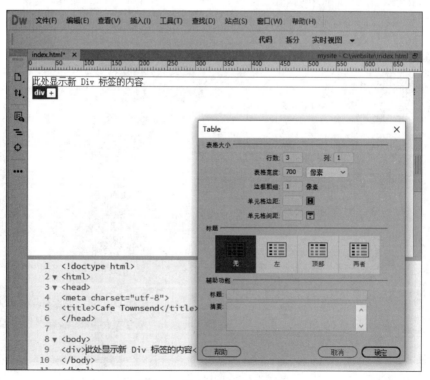

图 8.6 插入 3 行 1 列的表格

（4）插入第 2 个表格。再次选择"插入"→"表格"命令，在弹出的选项中选择"之后"选项，向页面插入第 2 个表格。表格的各项参数如图 8.7 所示。

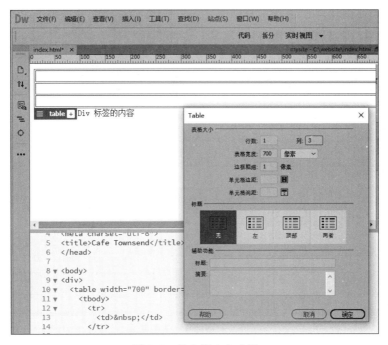

图 8.7　插入第 2 个表格

（5）插入第 3 个表格。以相同的方法在第 2 个表格下面插入第 3 个表格，参数如图 8.8 所示。

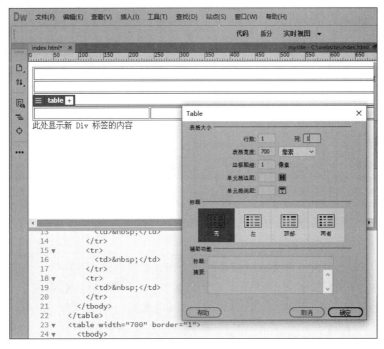

图 8.8　插入第 3 个表格

(6) 设置第1个表格属性。在第1个表格的第1行里单击,将光标定位在该表格第1行内,然后选择"窗口"→"属性"命令,在"属性"面板的"单元格高度"文本框中输入90。再以同样的方法将表格第2行和第3行的高度分别设为160和30,如图8.9所示。

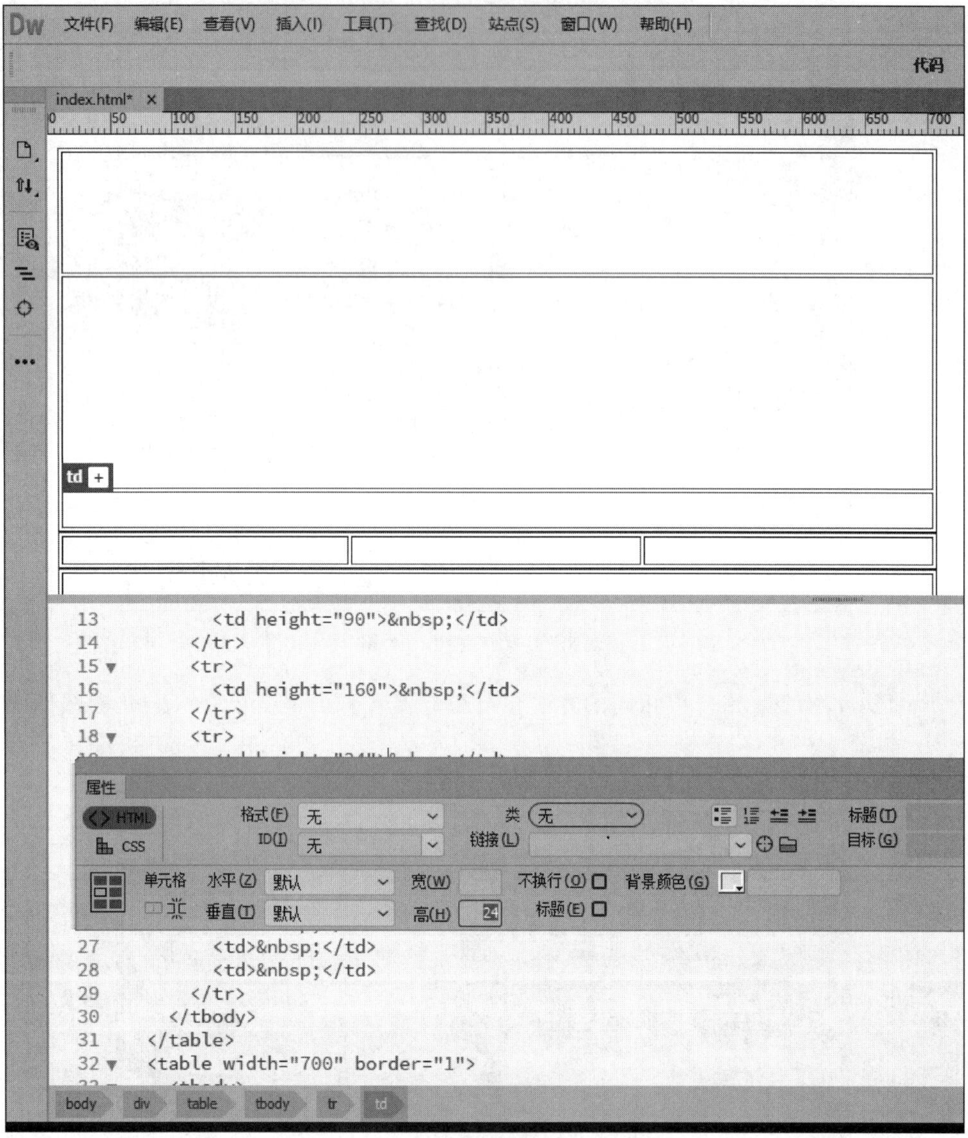

图8.9 设置第1个表格的单元格属性

(7) 设置第2个表格属性。仿照第(6)步的方法,将第2个表格3列的宽度分别设置为137、233、330,如图8.10所示。

(8) 插入banner图像。将光标定位于第1个表格的第1行,然后单击菜单栏的"插入"→"图像"命令,在弹出的选项中选择"嵌套"选项,在"选择图像"对话框中选中images文件夹下的banner_graphic.jpg文件,单击"确定"按钮即可插入选定的图像,如图8.11所示。

(9) 插入其他图像。用相同的方法分别向第1个表格的第3行插入图像body_main_header.gif,向第3个表格插入图像body_main_footer.gif。

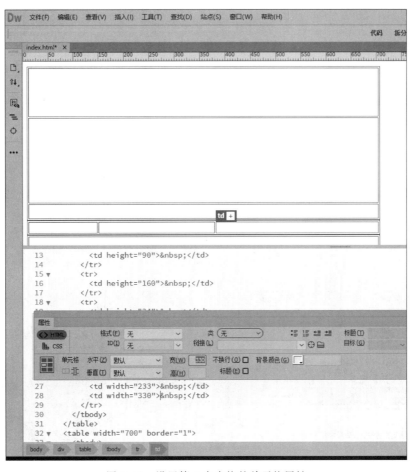

图 8.10　设置第 2 个表格的单元格属性

图 8.11　插入 banner 图像

(10) 插入 Flash 文件。将光标定位于第 1 个表格的第 2 行,然后选择"插入"→HTML→Flash SWF 命令,在弹出的选项中选择"嵌套"选项,在"选择"对话框中选中 Flash 文件 flash_fma.swf,在"对象标签辅助功能属性"对话框中输入标题 FLASH,如图 8.12 所示。然后单击"确定"按钮,插入 Flash 文件后如图 8.13 所示。

图 8.12　设置标题

图 8.13　插入 Flash 文件

注意：HTML5 新增的 Video 标签可实现对视频的添加功能。除了 Flash 文件外,HTML5 Video 还支持.mp4,.ogg,m4v,.webm,.ogv,.3gp 等多种文件格式。

本实验若采用插入 HTML5 Video 的方式插入视频,具体步骤如下。

将光标定位于第 1 个表格的第 2 行,然后选择"插入"→HTML→HTML5 Video 命令,在弹出的选项中选择"嵌套"选项,单击"确定"按钮,表格中出现图 8.14 所示的视频文件。

单击 video+ 图标,打开"属性"面板,选择添加 Flash 文件 flash_fma.swf,如图 8.15 所示。

图 8.14　插入 HTML5 视频文件

图 8.15　选择 Video 文件

(11) 插入音频。单击"代码"窗口底部的 body 图标切换到 HTML"主体"部分,选择"插入"→HTML→HTML5 Audio 命令,在弹出的选项中选择"嵌套"选项,单击"确定"按钮,网页文件顶部出现如图 8.16 所示界面,在"源"对话框中单击 图标,选择插入音频文件 home.mp3,如图 8.17 所示。

图 8.16　插入 HTML5 音频文件

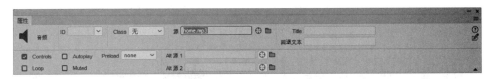

图 8.17　选择 Audio 文件

(12) 修改页面属性。选择"文件"→"页面属性"命令,在"页面属性"对话框的"外观CSS"类中单击"背景颜色"颜色框,然后从颜色选择器中选择黑色,单击"确定"按钮,如图 8.18 所示。

4. 制作网站导航栏

(1) 改变导航栏颜色。将光标定位于第 2 个表格的第 1 列,在"属性"面板的"背景颜色"文本框中输入♯993300,然后按 Enter 键,单元格颜色即变为红棕色(请读者在实际操作中观察),如图 8.19 所示。

(2) 输入文字。双击第 2 个表格的第 1 列,然后输入以下单词：Cuisine,Chef Ipsum,Articles,Special Events,Location,Menu,Contact Us,单词之间以空格分隔,如图 8.20 所示。

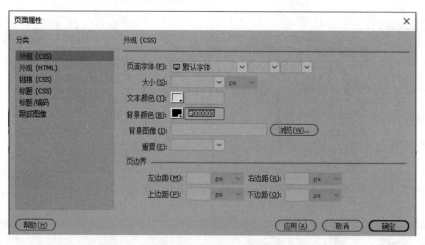

图 8.18 修改页面属性

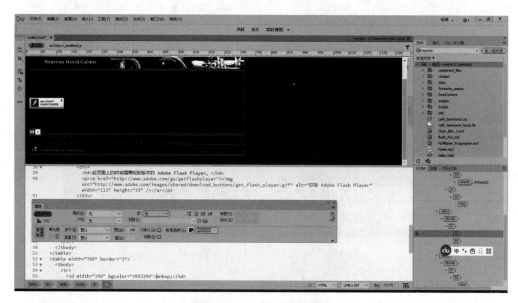

图 8.19 改变导航栏颜色

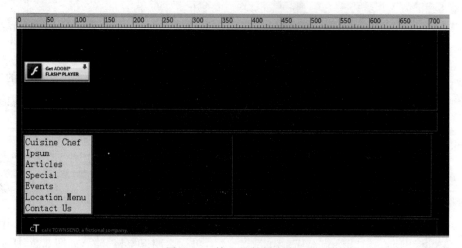

图 8.20 输入导航栏文字

5. 修饰美化页面

(1) 建立 CSS 类选择符。

① 打开右上角 [文件 插入 CSS设计器] 图标中的"CSS 设计器"面板,单击 [+ — 源:所有源] 图标中的"+",创建新的 CSS 文件,添加为链接,命名为 cafe_townsend.CSS。

② 单击 [+ — 选择器] 图标中的"+",将新建的类选择符命名为 navigation。

③ 单击 [属性] 图标中的"属性",不选选"显示集" [图标],设置属性如表 8.1 所示。

表 8.1 类选择符属性设置

分 类	属性设置
文本	color: #FFFFFF; font-family: Verdana, Geneva, sans-serif; font-style: normal; font-size: 16px; text-decoration: none; font-weight: bold;
背景	background-color: #993300;
布局	display: block;
边框	border-width: 140px; padding-top: 8px;

④ 在代码窗口可见文件 cafe_townsend.CSS 已自动产生类选择符定义代码,在代码栏中将 navigation 改为 .navigation,如图 8.21 所示。

```
1   @charset "utf-8";
2 ▼ .navigation {
3       display: block;
4       padding-top: 8px;
5       color: #FFFFFF;
6       font-family: Verdana,Geneva, sans-serif;
7       font-style: normal;
8       font-size: 16px;
9       text-decoration: none;
10      font-weight: bold;
11      border-width: 140px;
12      background-color: #993300;
13  }
14
```

图 8.21 类选择符代码

建立 CSS 类选择符有多种方式,其中对 HTML 语言比较熟悉的用户可将上述代码直接插入 index.html 代码"头部"区域中<style>标签内,具体请读者自行练习。

(2) 将样式应用到页面元素。回到网页文件 index.html,在第 2 个表格第 1 列中选中单词 Cuisine,然后在"属性"面板的"类"下拉列表中选择 navigation,此时 Cuisine 文本的外观就根据类选择符 navigation 所定义的样式规则发生了变化,如图 8.22 所示。

重复上述方法,为每个单词选择样式 navigation,至此导航栏制作完成,如图 8.23 所示。

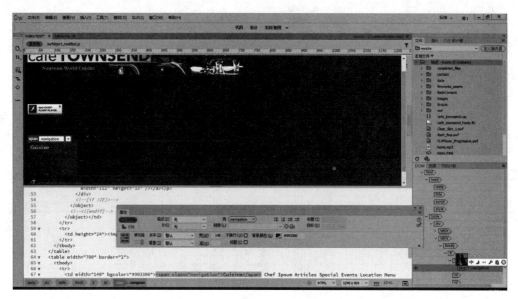

图 8.22 将样式应用到页面元素

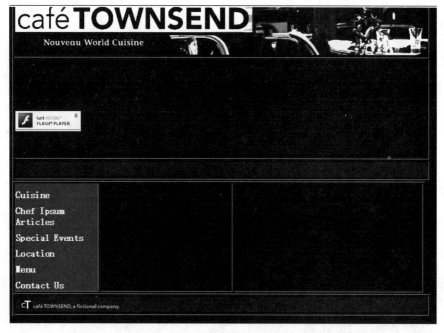

图 8.23 导航栏完成

6. 填写页面内容

（1）添加特效。将光标定位到第 2 个表格的第 2 列，然后选择"插入"→HTML→"鼠标经过图像"命令，在弹出的选项中选择"嵌套"选项，在"原始图像"和"鼠标经过图像"文本框中选择 image0.jpg 和 image2.jpg 文件，如图 8.24 所示。单击窗口底部右下角的 按钮，在浏览器中实时查看效果。

视频讲解

注意：在上网浏览时，常看到网页中出现一些新的提示信息窗口和网页图标，会随着鼠

图 8.24 "插入鼠标经过图像"对话框

标动作产生不同的特殊效果。这种特殊效果只需在浏览器中解释、运行就能够实现人机交互和动态显示,简称为网页特效。网页特效主要是由 JavaScript 语言实现。JavaScript 语言是一种脚本语言,在网页中一般与 HTML、CSS 结合在一起使用。对于设计者来说,如果没有编程基础,使用 JavaScript 语言会有一定的难度。使用 Dreamweaver"插入"菜单中的某些命令(如"鼠标经过图像"命令)或使用 Dreamweaver 的行为面板添加行为,可以使设计者无需对 JavaScript 语言有较多的了解和编程知识,就能直接利用这些预置行为便捷地制作出精美的动态交互式网页,利用可视化的方式来设计实现这种网页特殊效果。请读者查阅帮助文档,练习 Dreamweaver 的行为编辑操作。

(2) 插入 Flash 视频。光标继续留在第 2 个表格的第 2 列,然后选择"插入"→HTML→Flash Video 命令,在弹出的选项中选择"嵌套"选项,在选择对话框中选中 cafe_townsend_home.flv 视频文件,并设置插入视频的相关选项,例如宽度=152px、高度=152px、自动播放等,如图 8.25 所示。再将 street_sign.jpg 图片插入此单元格中,选择该单元格,在"属性"面板中设置"水平"选项为"居中对齐",设置背景色为♯F7EEDF,如图 8.26 所示。

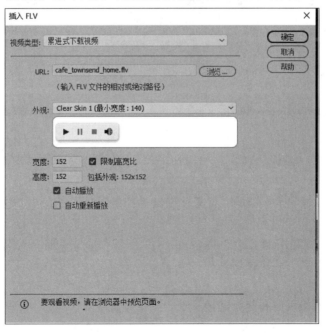

图 8.25 设置 Flash 视频属性

图 8.26 设置单元格颜色

注意:"设计制作网站主页"类似于第(10)步,此处同样可以使用插入 HTML5 Video 实现,视频文件和鼠标经过图像、gif 图像的相对位置可以在代码窗口通过移动代码相对位置实现。请读者自行练习。

(3) 插入文字。将光标定位到第 2 个表格的第 3 列,在"属性"面板中设置"背景色"为 #F7EEDF,打开 text.txt 文件,将文字内容复制到该单元格,如图 8.27 所示。

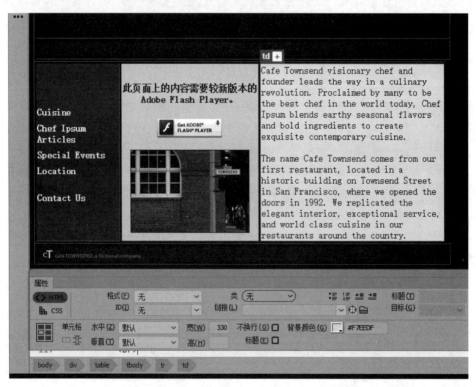

图 8.27 插入说明性文字

注意:也可以通过选择"插入"→HTML→article 命令插入文字。请读者自行练习在 article 元素内部插入 section、aside、footer 等。

(4) 添加地址。可以在主页的末尾呈现该虚拟餐厅的信息,包括电子邮箱、餐厅地址等,其中电子邮件链接可以通过选择"插入"→HTML→"电子邮件链接"命令在文档底部插入。所有信息也可以利用 HTML5 的<address>标签来完成。将下列代码(见图 8.28)输入到</body>标记前,并将页面属性中的文字颜色改为红色,页面底部显示信息如图 8.29 所示。

7. 设计制作次级页面并建立链接

(1) 添加超链接。选中导航栏中的 Menu 项,然后在"属性"面板中单击"链接"文本框

```
<address>
<a href="mailto:12345@qq.com">Please mail to me:</a><br>
  Cafe Townsend <br>
   NO.201，Unit1，buildingNo.1，SHENGDEDistrict<br>
</address>
```

图 8.28 ＜address＞代码

图 8.29 页面底部显示信息

右侧的文件夹图标，在"选择文件"对话框中，选择 menu.html 文件（与 index.html 文件处于同一个文件夹中），并单击"修改"按钮。结果如图 8.30 所示，其所在单元格代码如图 8.31 所示。

图 8.30 添加超链接

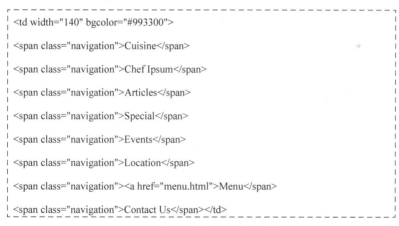

图 8.31 第 2 表格第 1 列单元格代码

（2）设置特殊效果。下面设置鼠标经过链接时的效果。进入 cafe_townsend.CSS 文件"代码"视图，选择整个 .navigation 规则，复制并在规则代码最后粘贴该段文本。将粘贴文本的". navigation"修改为". navigation：hover"，并将 background-color 的属性值修改为 #D03D03，如图 8.32 所示。

（3）测试网站。保存网页文件，然后在浏览器中预览，显示效果如图 8.33 所示。单击链接，观察链接情况及所有素材的显示情况，若出现错误，则查找错误并修改。

```
11 ▼    .navigation {
12          font-family: "Verdana, sans-serif";
13          font-size: 16px;
14          font-style: normal;
15          text-decoration: none;
16          font-weight: bold;
17          color: #FFFFFF;
18          display: block;
19          width: 140px;
20          text-decoration: none;
21          background-color: #993300;
22          padding-top: 8px;
23
24      }
25 ▼    .navigation:hover {
26          font-family: "Verdana, sans-serif";
27          font-size: 16px;
28          font-style: normal;
29          text-decoration: none;
30          font-weight: bold;
31          color: #FFFFFF;
32          display: block;
33          width: 140px;
34          text-decoration: none;
35          background-color: #D03D03;
36          padding-top: 8px;
37      }
```

图 8.32　设置特殊效果

图 8.33　测试网站

8. 发布网页

目前为止，网站制作已经完成，最后需要将网站内容上传到互联网上，才能让其他人通过网址访问该网站。发布网页一般有两种方式。

1）租用服务器

租用服务器指租用 Internet 服务供应商提供的服务器，例如阿里云、腾讯云等。若已经租用了服务器，则可以在 Dreamweaver 中发布网页，具体方法如下。

选择"站点"→"管理站点"命令，在弹出的对话框中选择需要发布的网页所在的站点，单击"编辑当前选定的站点"按钮进入站点编辑窗口，如图 8.34 所示。

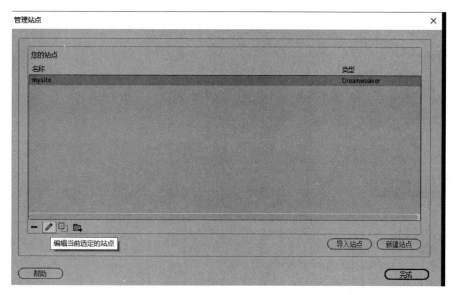

图 8.34 修改站点信息

选择对话框左边列表中的"服务器"选项，单击 ➕ 图标添加新服务器信息，如图 8.35 所示。

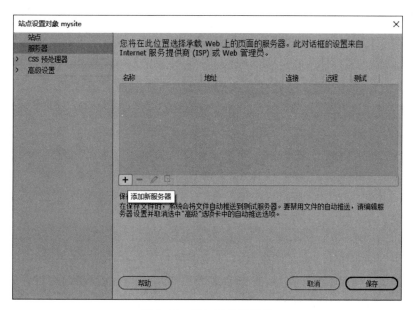

图 8.35 添加服务器信息

在弹出的对话框中输入服务器信息,如图 8.36 所示。进入"文件"面板,右击站点信息,在弹出的快捷菜单中选择"上传"命令,如图 8.37 所示。

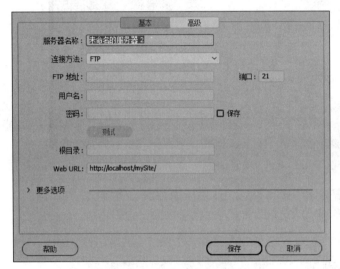

图 8.36 输入服务器信息　　　　图 8.37 上传网站至服务器

2) 自己动手安装一个 Web 服务器

IIS(Internet Information Server)是微软提供的 Internet 服务器软件。它可以使用户在 Internet 上发布信息变得很容易。

(1) IIS 的安装。IIS 是 Windows 操作系统自带的组件。在 Windows 10 系统下,可以按照下面的步骤进行安装。

打开控制面板。双击"程序和功能"图标,单击窗口左边列表的"启用或关闭 Windows 功能"按钮,进入 Windows 组件向导。

在向导对话框中,选择"Internet Information Services"选项,选中"Web 管理工具"和"万维网"服务包含的所有选项,如图 8.38 所示。按照安装向导提示操作,开始安装 IIS。

(2) 网站的配置和测试。服务器安装完成后,可根据自己网站的需求配置 Web 服务器,通常可以设置网站的存放位置、主页名称、浏览权限、虚拟目录等,方法如下。

进入"控制面板"→"管理工具"→"Internet 信息服务(IIS)管理器"窗口,在左侧选择"网

图 8.38　添加组件

站"选项并右击,在弹出的快捷菜单中选择"添加网站"命令,如图 8.39 所示。

图 8.39　添加网站

输入网站名称、物理路径、IP 地址以及端口号,如图 8.40 所示。

注意:IP 地址栏若输入 IIS 所在的主机 IP 地址,则可在同一网络下的其他终端的浏览器中输入"http://(主机 IP 地址)"试访问网站。请读者自行练习。

系统默认主页文件名为 index.html、Default.htm 等。若需添加自定义主页,可选择"默认文档"选项,单击"添加"按钮,输入自定的主页文件名,如图 8.41 和图 8.42 所示。

注意:一定把要发布的网站文件放置到本地站点的目录中,本例中目录为 C:\website。

选择"重新启动"或"启动"命令启动网站,如图 8.43 所示。

打开浏览器,在地址栏输入 http://localhost/,测试网站能否正常运行。

若网站需要配置为虚拟目录,则选择 mysite 网站并右击,在弹出的快捷菜单中选择"添

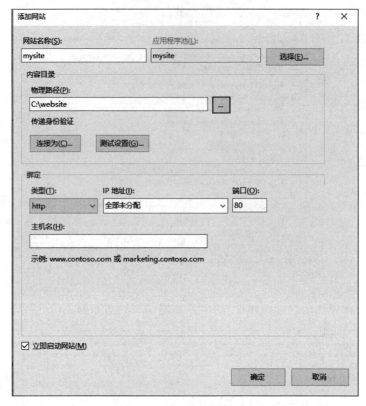

图 8.40 网站的基本配置

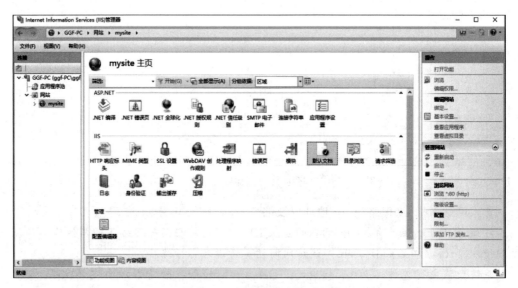

图 8.41 选择"默认文档"配置

加虚拟目录"命令,如图 8.44 所示;在"添加虚拟目录"窗口中输入别名和物理路径,单击"确定"按钮,如图 8.45 所示,完成虚拟目录设置;然后重新启动 IIS 服务器,打开浏览器,在地址栏输入 http://localhost/web,测试网站能否正常运行。

图 8.42 修改默认文档

图 8.43 启动网站

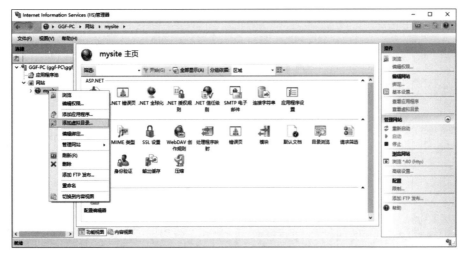

图 8.44 选择添加虚拟目录

图 8.45 设置虚拟目录

实验九 程序设计

【实验目的】

(1) 理解程序设计的概念。
(2) 掌握程序设计的过程。
(3) 熟悉用 Python 设计应用程序的步骤。

【实验环境】

(1) 程序设计软件：Python 3.6.4。
(2) 操作系统：Windows 10。

【实验内容】

(1) 编写程序,输入矩形的长和宽,计算并输出矩形的周长和面积。
(2) 输入三条边的边长,若这三条边构成三角形,就求出该三角形的面积；否则,输出"三条边不构成三角形!"的信息。
(3) 编程,求 m 到 n 之间的素数($m \leqslant n$)。

【实验指导】

1. 编写程序,输入矩形的长和宽,计算并输出矩形的周长和面积

实验指导如下。

假设矩形的长和宽分别为 l 和 w,那么矩形的面积 area=$l \times w$,矩形的周长 $p=(l+w) \times 2$；程序从键盘接收用户输入的 l 和 w 的值,根据上述公式计算矩形的面积和周长并输出。

(1) 启动 Python,编辑源程序。启动 Python 3.6.4 后,选择 File→New File 菜单命令,或直接按快捷键 Ctrl+N,打开文件编辑窗口,在窗口空白处输入求矩形面积的代码。

视频讲解

```
#filename: 9_1.py
#function:求矩形的周长和面积
l = eval(input("请输入矩形的长:"))
w = eval(input("请输入矩形的宽:"))
area = l * w
print("矩形的面积为:",area)
print("矩形的周长为:",(l + w) * 2)
```

输入代码后如图9.1所示。

(2) 解释运行程序。选择Run→Run Module命令，或直接按下F5键，弹出如图9.2所示的对话框。

图9.1 文件编辑窗口

图9.2 是否保存源文件对话框

单击"确定"按钮，弹出"另存为"对话框(见图9.3)；选中目标文件夹，输入文件名9_1，单击"保存"按钮，出现如图9.4所示的运行窗口；依次输入长宽的值(分别为6和6)，程序运行后输出矩形的面积为36，周长为24。

图9.3 保存源文件窗口

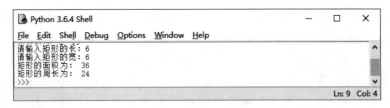

图9.4 运行窗口

2. 输入三条边的边长，若这三条边构成三角形就求出该三角形的面积；否则，输出"三条边不构成三角形！"的信息

实验指导如下。

假设三条边的边长为 a、b 和 c，则这三条边构成三角形的条件是：任意两条边之和都大于第三边。如果三条边能构成三角形，则求三角形的面积公式为

视频讲解

$$area = \sqrt{s(s-a)(s-b)(s-c)}$$

其中 $s=(a+b+c)/2$。

根据以上分析,编写程序如下:

```
#filename: 9_2.py
#function:根据三边长,求三角形的面积
#导入math库中的sqrt函数,用于实现求平方根
from math import sqrt
a = eval(input("请输入第一条边的边长:"))
b = eval(input("请输入第二条边的边长:"))
c = eval(input("请输入第三条边的边长:"))
if(a+b>c and b+c>a and c+a>b):
    s = (a+b+c)/2
    area = sqrt(s*(s-a)*(s-b)*(s-c))
    print("三角形的面积为:", area)
else:
    print("三条边不构成三角形!")
```

采用1的步骤在文件编辑窗口中输入上述源代码,如图9.5所示。

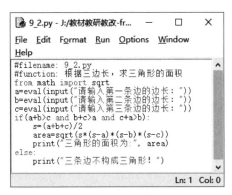

图 9.5　文件编辑窗口

然后按 F5 键运行程序,当输入的三边长分别为 3、4、5 时,输出三角形的面积为 6.0,如图 9.6 所示。

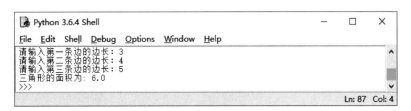

图 9.6　运行窗口

3. 编程求 m 到 n 之间的素数($m \leqslant n$)

实验指导如下。

所谓素数,就是除1和它本身外没有其他约数的整数。例如,2,3,5,7,11 等都是素数,而 4,6,8,9 等都不是素数。

视频讲解

要判别整数 m 是否为素数，最简单的方法是根据定义进行测试，即用 $2,3,4,\cdots,m-1$ 逐个去除 m。若其中没有一个数能整除 m，则 m 为素数；否则 m 不是素数。

另外，数学上可以证明：若所有小于等于 $\sqrt{m}$ 的整数都不能整除 m，则大于 $\sqrt{m}$ 的数也一定不能整除 m。因此，在判别一个数 m 是否为素数时，可以缩小测试范围，只需在 $2\sim\sqrt{m}$ 之间检查是否存在 m 的约数即可。只要找到一个约数，就说明这个数不是素数。

判断素数的功能可以通过定义一个函数 IsPrime() 来实现，代码如下：

```
#IsPrime 函数定义开始
from math import sqrt
def IsPrime(x):
    y = sqrt(x)
    i = 2
    IsP = 1
    while(i <= y):
        if(x % i == 0):
            IsP = 0
            break
        i = i + 1
    return IsP
#函数定义结束
```

由用户从键盘输入 m 和 n 的值，通过调用上述 IsPrime() 函数测试 m 和 n 之间的每一个数，如果是素数，就输出到屏幕上。代码如下：

```
m = eval(input("请输入 m 的值:"))
n = eval(input("请输入 n 的值:"))
for i in range(m,n):
    if(IsPrime(i) == 1):
        print(i)
```

在 Python 的文件编辑窗口输入以上程序，如图 9.7 所示。

图 9.7　文件编辑窗口

按功能键 F5 运行程序,用户从键盘输入 m 和 n 的值(分别为 2 和 20),可得到如图 9.8 所示的运行结果。

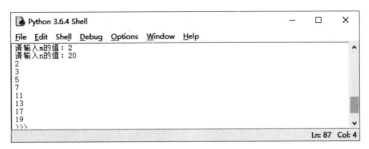

图 9.8　运行窗口

实验十　数据库系统

【实验目的】

(1) 掌握数据库的创建。
(2) 掌握表的创建,熟悉字段的定义和关键字的定义。
(3) 掌握使用 SQL 实现查询的技巧。

【实验环境】

(1) 数据库管理系统:Microsoft Access 2013 或以上版本。
(2) 操作系统:中文 Windows 10 及以上版本。

【实验内容】

1. 数据库的建立

设"社团-学生"数据库要记录学生的学号(char(7))、姓名(char(6))、性别(char(2))、出生日期(datetime)等信息,要记录社团的编号(char(4))、名称(char(20))、活动地点(char(40))等信息,还要记录学生参加社团的加入时间(datetime)。请在 Access 中建立"社团-学生"数据库,并插入一些数据。

2. SQL 的应用

1) 在"社团-学生"数据库中使用 SQL

(1) 在学生表中插入一条记录,如('1536','张丽','女',NULL)。
(2) 修改(1)中插入的记录,把学生姓名改为'李楠'。
(3) 把(2)修改后的记录删除。

2) 在"社团-学生"数据库实现以下查询。

(1) 查看学生表里的全部记录。
(2) 在学生表中查询学生的学号、姓名和性别。
(3) 在学生表中查找 1994 年之前出生的学生的学号。
(4) 在学生表中查找 1994 年之前出生的女同学的学号。
(5) 在学生表中查找 22 岁的学生的学号和姓名。
(6) 在学生表中查找张姓同学的学号和姓名。
(7) 在学生表中查找出生日期为空的学生学号和姓名。
(8) 在学生表中查询学生的基本情况,按性别的升序显示结果;对于性别相同的记录,再按学号的降序进行排列,只显示前 5 名同学的情况。

(9) 统计每个学生参加社团的数目,显示学生的学号及其参加社团数。

(10) 统计每个社团拥有的学生数量,显示社团编号、社团名称以及其学生人数。

【实验指导】

1. 建立数据库

(1) 在 Windows 桌面空白处右击,在弹出的快捷菜单中选择"新建"→"Microsoft Access 数据库"命令,双击在桌面生成的 Access 文件,打开 Microsoft Access,如图 10.1 所示。

视频讲解

图 10.1　Microsoft Access 主界面

(2) 在"创建"选项卡的"表格"组中单击"表设计"(如图 10.2 所示),进入如图 10.3 所示的窗口。

图 10.2　创建表

(3) 在"表设计"视图中输入字段名称,设置数据类型,建立"学生"表,如图 10.4 所示。

(4) 选中"学号"所在行,在"设计"功能区的"工具"栏中单击"主键",设置"学号"作为"学生"表的主键,如图 10.5 所示。

(5) 在"表设计"视图中右击"表 1",在弹出的快捷菜单中选择"保存"命令(见图 10.6),弹出"另存为"对话框,将表改名为"学生",单击"确定"按钮,见图 10.7。

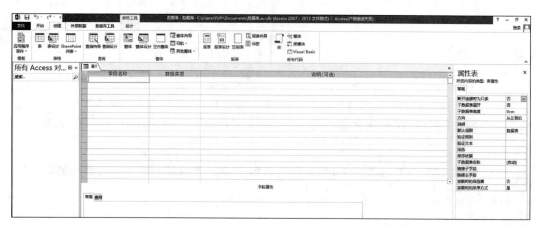

图 10.3 "表设计"视图

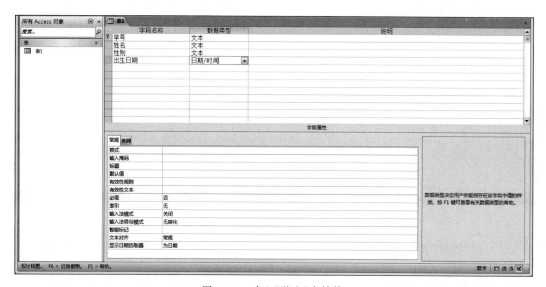

图 10.4 建立"学生"表结构

图 10.5 设置主键

图 10.6 保存表

图 10.7 修改表名称

(6) 类似地,重复步骤(2)~(5),分别建立"社团"表和"参加社团"表,如图 10.8 和图 10.9 所示。

图 10.8 建立"社团"表结构图　　图 10.9 建立"参加社团"表结构

注意:对于"参加社团"表,要按下 Ctrl 键,再单击"社团号"和"学号",将这两个字段同时选上;然后选择"表格工具"→"工具"→"主键"命令,设置"社团号"和"学号"作为"参加社团"表的主键。

(7) 在"数据库工具"选项卡中的"关系"组里单击"关系"按钮,接着选择"关系工具"→"设计"→"关系"→"显示表"命令(见图 10.10),打开"显示表"对话框,如图 10.11 所示。

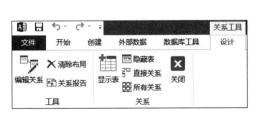

图 10.10 "关系工具"选项卡

图 10.11 "显示表"对话框

（8）在"显示表"对话框中选择"学生""参加社团"和"社团"表，再单击"添加"按钮，加入到关系中，然后关闭"显示表"对话框，如图 10.12 所示。

图 10.12　在关系中打开表

（9）关闭所有打开的表。

（10）在"关系"设计视图中单击"参加社团"表中的"学号"，按住鼠标左键，拖至"学生"表中的"学号"上，放开鼠标左键后，会弹出"编辑关系"对话框，将关系设置为如图 10.13 所示。

（11）单击"参加社团"表中的"社团号"，按住鼠标左键，拖至"社团"表中的"编号"上，放开鼠标左键后，会弹出"编辑关系"对话框，将关系设置为如图 10.14 所示。

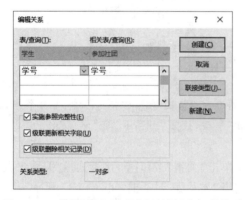 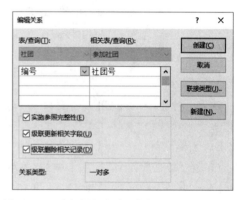

图 10.13　编辑"学生"与"参加社团"之间的关系　　图 10.14　编辑"社团"与"参加社团"之间的关系

（12）在图 10.12 所示的界面中，在左侧的"表"列表中双击"学生"，进入"数据表视图"，输入学生信息，如图 10.15 所示。

图 10.15　输入学生信息

（13）采用步骤（12）的方法，分别在"社团"和"参加社团"中输入记录，如图 10.16 和图 10.17 所示。

图 10.16 输入社团信息

图 10.17 输入学生参加社团信息

2. SQL 的应用

（1）在"创建"功能区"查询"组里选择"查询设计"命令，会弹出"显示表"对话框，如图 10.18 所示，在对话框中单击"关闭"按钮。

（2）在查询窗口空白处右击，在弹出的快捷菜单选择"SQL 视图"命令，如图 10.19 所示。

（3）在"查询1"的编辑区中输入如图 10.20 所示的 SQL 语言。

（4）在"查询工具"的"设计"功能区"结果"组里，单击"运行"按钮查看查询结果，如图 10.21 和图 10.22 所示。

（5）单击文件菜单上方的 ■ 保存查询，在弹出的对话框中对查询进行命名。

（6）类似地，采用"查询1"建立和运行的步骤，可得到其他查询的运行结果。参考 SQL 语句如下。

- 在"社团-学生"数据库中使用 SQL。

① 在学生表中插入一条记录，如（'1536','张丽','女',NULL）。

视频讲解

图 10.18 创建查询

图 10.19 打开 SQL 视图

图 10.20 "查询 1"编辑窗口

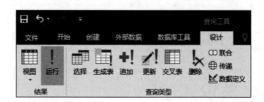

图 10.21 运行 SQL 查询

学号	姓名	性别	出生日期	单击以添加
1536	张丽	女		
2011001	胡凯莉	女	1993/12/1	
2011002	洪力	男	1993/10/3	
2011003	温琳	女	1993/1/18	
2012001	林夏	男	1994/6/18	
2012002	陈子杰	男	1994/8/19	
2012003	李浩	男	1994/11/11	
2013001	张小美	女	1995/7/2	
2013002	胡峰	男	1995/1/4	
2013003	陈玉树	女	1995/2/17	

图 10.22 "查询1"的运行结果

```
INSERT INTO 学生
VALUES('1536','张丽','女',NULL);
```

② 修改①中插入的记录,把学生姓名改为'李楠'。

```
UPDATE 学生
SET 姓名 = '李楠';
```

③ 把②修改后的记录删除。

```
DELETE FROM 学生
WHERE 学号 = '1536';
```

- 在"社团-学生"数据库实现以下查询。

① 查看学生表里的全部记录。

```
SELECT *
FROM 学生;
```

② 在学生表中查询学生的学号、姓名和性别。

```
SELECT 学号,姓名,性别
FROM 学生;
```

③ 在学生表中查找 1994 年之前出生的学生的学号。

```
SELECT 学号
FROM 学生
WHERE 出生日期<♯1994 - 01 - 01♯;
```

④ 在学生表中查找 1994 年之前出生的女同学的学号。

```
SELECT 学号
FROM 学生
WHERE 出生日期<♯1994 - 01 - 01♯ AND 性别 = '女';
```

⑤ 在学生表中查找 22 岁的学生的学号和姓名。

```
SELECT 学号,姓名
FROM 学生
WHERE YEAR(DATE()) - YEAR(出生日期) = 22;
```

⑥ 在学生表中查找张姓同学的学号和姓名。

SELECT 学号,姓名
FROM 学生
WHERE 姓名 LIKE '张＊';

⑦ 在学生表中查找出生日期为空的学生学号和姓名。

SELECT 学号,姓名
FROM 学生
WHERE 出生日期 IS NULL;

⑧ 在学生表中查询学生的基本情况,按性别的升序显示结果;对于性别相同的记录,再按学号的降序进行排列,只显示前5名同学的情况。

SELECT TOP 5 ＊
FROM 学生
ORDER BY 性别 ASC,学号 DESC;

⑨ 统计每个学生参加社团的数目,显示学生的学号及其参加社团数。

SELECT 学号, COUNT(社团号) AS 参加社团数
FROM 参加社团
GROUP BY 学号;

⑩ 统计每个社团拥有的学生数量,显示社团编号、社团名称以及其学生人数。

SELECT 编号,名称,COUNT(学号) AS 学生人数
FROM 参加社团,社团
WHERE 参加社团.社团号 = 社团.编号
GROUP BY 编号,名称;

实验十一 计算机网络

【实验目的】

理解计算机网络的基本概念,掌握有线网络和无线网络的组网与配置方法。

【实验环境】

思科公司的 Packet Tracer。可以到思科网院主页 https://cn.netacad.com 上注册账号,然后登录,选中"资源"下拉菜单中的"Packet Tracer 资源",即可下载 Packet Tracer 的最新版本。本实验使用的是 Cisco Packet Tracer 7.1.1。

【实验内容】

(1) Packet Tracer 的使用。
(2) 有线网络的组网与配置。
(3) 无线网络的组网与配置。

【实验指导】

视频讲解

1. Packet Tracer

安装好 Packet Tracer 后,启动 Packet Tracer,出现如图 11.1 所示的主界面。注:如果出现登录界面,可使用思科网院注册账号或 guest 账号登录。

图 11.1 上部是菜单区,中间是逻辑工作区,左下方显示了代表设备类别或组的图标,如路由器、交换机或终端设备。当光标移到设备类别上时,将在各行设备中间的方框内显示类别名称。要选择一个设备,首先选择设备类别,该类别内的选项将显示在类别列表的方框中,然后可选择所需设备。

2. 有线网络的组网与配置

(1) 使用两台 PC 创建一个网络。

选择 File→Open 命令,打开实验素材 7.3.2.7 Packet Tracer-Cable a Simple Network.pka 文件,出现图 11.2 所示的界面。选择图 11.2 下部椭圆线圈处的 Reset Activity,然后按下列步骤完成操作。

① 在左下角的选项中选择 End Devices(终端设备)。
② 将两台通用 PC(PC-PT)拖放到 Logical Workspace(逻辑工作空间)。

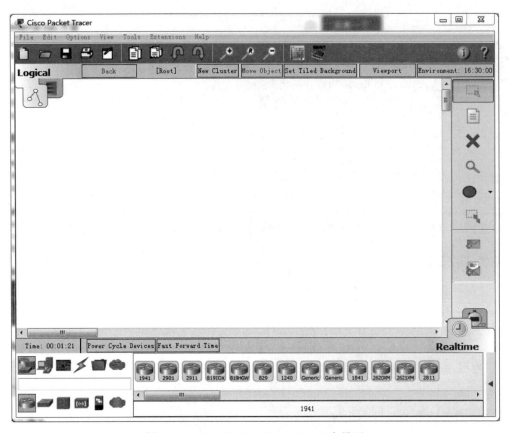

图 11.1 Cisco Packet Tracer 7.1.1 主界面

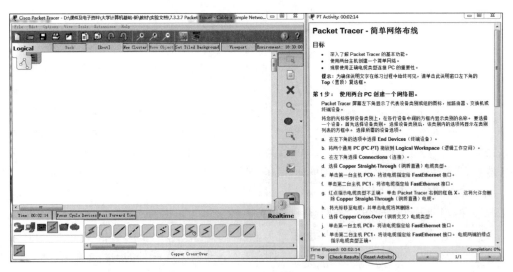

图 11.2 打开素材文件后的主界面及操作说明

③ 在左下角选择 Connections(连接)。
④ 选择 Copper Straight-Through(铜质直通)电缆类型。
⑤ 单击第一台主机 PC0,将该电缆指定给 FastEthernet 接口。

⑥ 单击第二台主机 PC1,将该电缆指定给 FastEthernet 接口。

⑦ 红点指示电缆类型不正确。单击 Packet Tracer 右侧的红色 X,再将鼠标移至刚才连接的铜质直通电缆,单击将电缆删除。

⑧ 选择 Copper Cross-Over(铜质交叉)电缆类型。

⑨ 单击第一台主机 PC0,将该电缆指定给 FastEthernet 接口。

⑩ 单击第二台主机 PC1,将该电缆指定给 FastEthernet 接口。电缆两端的绿点指示电缆类型正确。

(2) 在 PC 上配置主机名和 IP 地址。

继续进行下列步骤,以完成主机名和 IP 地址的配置。

① 单击 PC0,打开 PC0 窗口。

② 在 PC0 窗口中选择 Config(配置)选项卡。

③ 将 PC Display Name(显示名称)改为 PC-A。

④ 选择左侧的 FastEthernet 0 选项卡。

⑤ 在 IP Configuration(IP 配置)区域输入 IP 地址 192.168.1.1 和子网掩码 255.255.255.0。

⑥ 单击右上角的 X 关闭 PC-A 配置窗口。

⑦ 单击 PC1,打开 PC1 窗口。

⑧ 在 PC1 窗口中选择 Config(配置)选项卡。

⑨ 将 PC Display Name(显示名称)改为 PC-B。

⑩ 选择左侧的 FastEthernet 0 选项卡。

⑪ 在 IP Configuration(IP 配置)区域输入 IP 地址 192.168.1.2 和子网掩码 255.255.255.0。

⑫ 单击 PC-A,然后单击 Desktop(桌面)选项卡。

⑬ 单击 Command Prompt(命令提示符)。

⑭ 输入 ping 192.168.1.2(这是 PC-B 的地址)。按 Enter 键,观察是否连通。

⑮ 单击右上角的 X 关闭 PC-B 配置窗口。

(3) 将计算机连接到交换机。

步骤(1)和(2)是将两台 PC 直接相连组网,实际中,通常使用互联设备组网。下面是在完成步骤(2)的基础上,使用交换机组网的步骤。

① 删除 Copper Cross-Over(铜质交叉)电缆。

② 在左下角的选项 Network Devices 中,选择 Switches(交换机)。

③ 将一台 2960 交换机拖放到 Logical Workspace(逻辑工作空间)。

④ 在左下角选择 Connections(连接)。

⑤ 选择 Copper Straight-Through(铜质直通)电缆类型。

⑥ 单击第一台主机 PC-A,将该电缆指定给 FastEthernet 0 接口。

⑦ 单击交换机 Switch0,并将 FastEthernet 0/1 连接到 PC-A。大约 1 分钟后,两个绿点应该会显示在 Copper Straight-Through(铜质直通)电缆的两侧,表示电缆类型使用正确。

⑧ 再次单击 Copper Straight-Through(铜质直通)电缆类型。

⑨ 单击第二台主机 PC-B,将该电缆指定给 FastEthernet 0 接口。

⑩ 单击交换机 Switch0,并将 FastEthernet 0/2 连接到 PC-B。

⑪ 单击 PC-B,然后单击 Desktop(桌面)选项卡。

⑫ 单击 Command Prompt(命令提示符)。

⑬ 输入 ping 192.168.1.1(这是 PC-A 的地址)。按 Enter 键,观察是否连通。

⑭ 单击该说明窗口底部的"Check Results(检查结果)"按钮,检查该拓扑是否正确,完成比例应为 100%。

(4) 实验结果保存。

① 查看图 11.2 右下角的完成比例,实验全部完成应显示 Completion: 100% 。如果不是,请单击"Check Results(检查结果)"按钮,查看哪些需要的组件尚未完成。

② 选择 File→save as 命令,用"学号+姓名+实验编号+实验名称"命名,保存实验结果。

3. 无线网络的组网及无线路由配置

(1) 创建网络

选择图 11.2 中的 File→Open 命令,打开实验素材 8.1.2.11 Packet Tracer-Connect to a Wireless Router and Configure Basic Settings.pka 文件,如图 11.3 所示。接着按下列步骤完成网络创建。

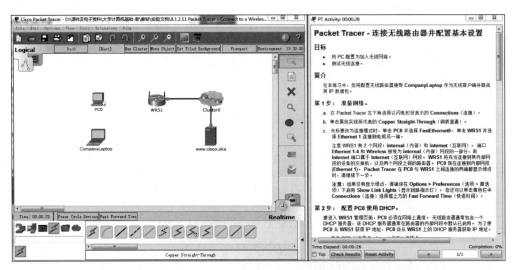

图 11.3 打开素材文件后显示的主界面及操作说明

① 在 Packet Tracer 左下角选择以闪电形状表示的 Connections(连接)。

② 单击黑色实线所代表的 Copper Straight-Through(铜质直通)。

③ 光标更改为连接模式时,单击 PC0 并选择 FastEthernet 0;单击 WRS 1 并将 Ethernet 1 连接到电缆另一端。

④ WRS 1 有 2 个网段:internal(内部)和 internet(互联网)。端口 Ethernet 1~4 和 Wireless 是 internal 网段的一部分,而 Internet 端口属于 internet 网段。WRS1 充当连接到其内部网段设备的交换机以及两个网段之间的路由器。PC0 连接到内部网段(Ethernet 1)。当 PC0 与 WRS1 之间连接的两端都显示绿点时,表示连接正确,继续进行下一步。

注意：如果没有显示绿点，请检查并确保在 Options→Preferences(选项→首选项)下启用 Show Link Lights(显示链路指示灯)。还可以单击黄色栏中 Connections(连接)选择框上方的 Fast Forward Time(快进时间)。

(2) 配置 PC0 使用 DHCP。

要进入 WRS1 管理页面，PC0 必须在网络上通信。无线路由器通常包含一个 DHCP 服务器，该 DHCP 服务器一般在路由器的内部网段中默认已启用。为了使 PC0 从 WRS1 获得 IP 地址，PC0 会从 WRS1 上的 DHCP 服务器获取 IP 地址。

① 单击 PC0 并选择 Desktop(桌面)选项卡。

② 单击 IP Configuration(IP 配置)并选择 DHCP，观察并记录以下问题的答案。

计算机的 IP 地址是什么？

计算机的子网掩码是什么？

计算机的默认网关是什么？

③ 关闭 IP Configuration 窗口。

注意：网络范围内的具体数值会因正常的 DHCP 操作而变化。

(3) 连接到无线路由器。

① 在 PC0 的 Desktop 选项卡中选择 Web Browser(Web 浏览器)。

② 在 URL 字段中输入 192.168.0.1，打开无线路由器的 Web 配置页面。

③ 使用 admin 同时作为用户名和密码。

④ 在 Basic Setup(基本设置)页面的 Network Setup(网络设置)标题下，注意 DHCP 服务器的 IP 地址范围。PC0 的 IP 地址在此范围内吗？

(4) 配置 WSR1 的 Internet 端口。

① 在此步骤中，将 WRS1 配置为将数据包从无线客户端路由到其他网络。将配置 WRS1 上的 Internet 端口，以连接到其他网络。

② 在 Basic Setup(基本设置)页面顶部的 Internet Setup(Internet 设置)下，将 Internet IP 地址方法从 Automatic Configuration-DHCP(自动配置-DHCP)改为 Static IP(静态 IP)。

③ 输入为 Internet 接口分配的 IP 地址。

IP 地址：209.165.200.225

子网掩码：255.255.255.252

默认网关：209.165.200.226

其他设置不做改动。

④ 向下滚动页面，并单击 Save Settings(保存设置)。

⑤ 单击 Continue 进入下一步骤。

(5) 配置 WSR1 SSID。

① 导航至 Wireless→Basic Wireless Settings(无线→基本无线设置)。

② 将 Network Name(SSID)(网络名称(SSID))改为 aCompany。注意 SSID 是区分大小写的。

③ 滚动到窗口底部并单击 Save Settings。

④ Laptop0 现在将显示与 WRS1 的无线连接。

⑤ 单击 Continue 移至下一步骤。

(6) 更改 WRS1 访问密码。

① 导航至 Administration→Management，将当前路由器密码改为 cisco。

② 滚动到窗口底部并单击 Save Settings。

③ 出现提示时，使用用户名 admin 和新密码 cisco 登录无线路由器。

④ 单击 Continue 进入下一步骤。

(7) 更改 WRS1 中的 DHCP 地址范围。

在此步骤中，将内部网络地址从 192.168.0.0/24 改为 192.168.50.0/24。内部网络地址发生更改时，必须续订内部网络中设备的 IP 地址，以便在租用过期之前获取新的 IP 地址。

① 导航至 Setup→Basic Setup。

② 滚动页面至 Network Setup(网络设置)。

③ 分配给 Router IP(路由器 IP)的 IP 地址是 192.168.0.1，将其改为 192.168.50.1。

④ 滚动到窗口底部并单击 Save Settings。

⑤ 注意地址的 DHCP 范围已自动更新，以反映接口 IP 地址的更改。片刻后，Web 浏览器将会显示 Request Timeout(请求超时)。请思考出现这种现象的原因。

⑥ 关闭 PC0 Web 浏览器。

⑦ 在 PC0 Desktop 选项卡中，单击 Command Prompt(命令提示符)。

⑧ 键入 ipconfig/renew，强迫 PC0 通过 DHCP 重新获取 IP 信息。请思考：PC0 的新 IP 地址信息是什么？

(8) 实验结果保存。

① 查看图 11.3 右下角的完成比例，实验全部完成应显示 `Completion: 100%` 。如果不是，请单击 Check Results(检查结果)，查看哪些需要的组件尚未完成。

② 选择 File→save as 命令，用"学号＋姓名＋实验编号＋实验名称"命名，保存实验结果。

实验十二　无线网络安全配置

【实验目的】

了解无线网络安全配置的概念,掌握无线网络安全配置的方法。

【实验环境】

(1) 思科公司 Packet Tracer 7.1.1 及以上版本。使用者需到思科网院主页 https://www.netacad.com 上注册账号并登录。进入"我的 NetAcad"后,将鼠标移至右上角"资源",选择下拉菜单中的"Packet Tracer 资源",即可下载 Packet Tracer 的最新版本。

(2) 浏览器。推荐使用火狐、搜狗等浏览器。

【实验内容】

在无线路由器上配置 WPA2;在无线路由器上配置 MAC 过滤;在无线路由器上配置单端口转发。

视频讲解

【实验指导】

1. 准备网络

选择 File→Open 命令,打开实验素材 2.2.5.8 Packet Tracer-Configure Wireless Security.pka 文件,如图 12.1 所示。

2. 实验过程

(1) 连接到无线路由器。

① 从 PC0 连接到无线路由器配置网页 192.168.0.1。

② 将 admin 同时用作用户名和密码。

(2) 在无线路由器上配置 WPA2 安全。

① 单击"无线"→"无线安全",将安全模式改为"WPA2 个人"。AES 是目前安全性最强的加密协议。

② 将密码配置为 aCompWiFi,滚动到窗口底部并单击"保存设置"。

(3) 将 Laptop0 配置为无线客户端。

① 使用在无线路由器上配置的安全设置将 Laptop0 连接到 WRS1 无线网络,具体操作如下。

• 打开 Laptop0 的 Desktop 并单击 PC Wireless。

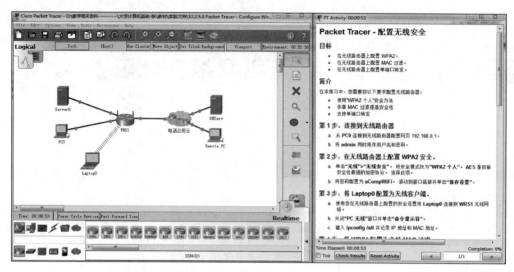

图 12.1 打开素材文件后显示的主界面和操作说明

- 单击 Connect 选项卡。
- 从可用无线网络列表中选择 aCompany,并单击 Connect。
- 在 Pre-shared Key(预共享密钥)字段中输入 aCompWiFi,单击 Connect 继续操作。
- 单击 Link Information(链路信息)选项卡,查看与接入点之间的连通性。

② 关闭"PC 无线"窗口并单击"命令提示符"。

③ 键入 ipconfig/all 并记录 IP 地址和 MAC 地址。

(4) 将 WRS1 配置为支持 MAC 过滤。

① 在 PC0 上,转到无线路由器的配置页面。

② 导航至"无线"→"无线 MAC 过滤"。

③ 选择"已启用"和"允许下列 PC 访问无线网络"。

④ 在"MAC 01:"字段中输入 Laptop0 的 MAC 地址。注意:MAC 地址必须为 XX:XX:XX:XX:XX:XX 格式。

⑤ 滚动到窗口底部并单击"保存设置"。

⑥ 将 Laptop0 重新连接到 WRS1 网络。

(5) 测试 WRS1 的 MAC 过滤。

① 在拓扑中添加第 2 台笔记本电脑。默认情况下,这是 Laptop1。

② 按 Laptop1 上的电源按钮将其关闭。

③ 将以太网端口拖至模块列表,将其删除。

④ 将 WPC300N 模块拖至 Laptop1 上的空插槽,并按电源按钮启动 Laptop1。

⑤ 将 Laptop1 连接至 WRS1 网络。发现无法与接入点关联,请思考这是为什么。

(6) 通过电话公司云测试连接。

① 在 Laptop0 上打开命令提示符。

② 发出 ping 200.100.50.10 命令,测试与远程 PC 的连接。网络融合时,前几个 ping 命令可能会失败。如果未收到成功的应答,可再次执行该命令。

③ 打开远程 PC,然后浏览至 Server0 上托管的内部网页的地址,即 www.acompany.

com,应该会显示一条请求超时消息。从远程 PC 到 Server0 的网页请求没有成功,这是因为 WRS1 不知道哪个内部设备应该获取它。为了完成这个请求,必须配置端口转发。

(7) 将 WRS1 配置为将单个端口转发到 Server0。

① 在 PC0 上,重新连接到无线路由器的配置页面。

② 导航至"应用和游戏"→"单端口转发"。

③ 在左侧菜单中,从第一个下拉框中选择 HTTP。更改"至 IP 地址",以匹配 Server0 的 IP 地址 192.168.0.20。此外,选中行尾的"已启用"复选框。

④ 滚动到窗口底部并单击"保存设置"。

⑤ 在远程 PC 上浏览至 www.acompany.com,现在应该可以连接 Server0 上托管的网页了。

3. 实验结果保存

(1) 查看图 12.1 右下角的完成比例,实验全部完成应显示 Completion: 100% 。如果不是,请单击 Check Results(检查结果),查看哪些需要的组件尚未完成。

(2) 选择 File→save as 命令,用"学号+姓名+实验编号+实验名称"命名,保存实验结果。

第二部分

习题集

第1章 概 述

1.1 判断题

1. 第1代计算机的主要特征是采用晶体管作为计算机的逻辑元件。（   ）
2. 第2代计算机的主要特征是采用集成电路作为计算机的逻辑元件。（   ）
3. 美国Intel公司推出的第一个微处理器芯片是Intel 8086。（   ）
4. 以Intel 4004为核心的电子计算机就是微型计算机,简称为微机。（   ）
5. 对量子计算机的研究,主要目的是解决经典计算机中的存储容量问题。（   ）
6. 计算机的处理能力,主要由两个方面来决定:一是计算机部件的运算速度,二是部件排列紧密的程度。（   ）
7. 冯•诺依曼计算机的基本工作过程是在控制器的控制下,计算机自动地从内存中取出指令,分析指令再执行该指令,接着取出下一条指令,周而复始地工作。（   ）
8. 第一台具有"存储程序"思想的计算机是1946年诞生的,其名称为ENIAC。（   ）
9. 未来计算机可能朝着量子计算机、光子计算机和生物计算机等方向发展。（   ）
10. 一个完整的计算机系统由操作系统和应用软件两部分组成。（   ）
11. 软件逐步硬件化是计算机的发展趋势。（   ）
12. 当代计算机基本属于冯•诺依曼体系结构。（   ）
13. 第3代计算机的主要特征是采用集成电路作为计算机的逻辑元件。（   ）
14. 第4代计算机的主要特征是采用大规模集成电路作为计算机的逻辑元件。（   ）
15. 总线是连接计算机外部设备的一组私有的信息通路。（   ）
16. 第一台PC是由IBM公司推出的。（   ）
17. 按照目前计算机市场的分布情况来分,计算机可以分为大型计算机、微型计算机、嵌入式系统等。（   ）
18. 一体微型计算机属于嵌入式系统的范畴。（   ）
19. 生物计算机具有体积小、功效高、能自我修复、能耗低、没有信号干扰的特点。（   ）
20. 光子计算机具有无须导线、能耗低、信息存储量大的特点。（   ）
21. 自动柜员机属于微型计算机的一种。（   ）
22. 个人计算机属于微型计算机。（   ）

1.2 单项选择题

1. 一个完整的计算机系统由（   ）组成。
   A. 硬件　　　　　　　　　　　　B. 系统软件与应用软件
   C. 硬件系统与软件系统　　　　　D. 中央处理机

2. 微型计算机系统通常是由（　　）等几部分组成的。
   A. UPS、控制器、存储器和I/O设备　　B. 运算器、控制器、存储器和UPS
   C. 运算器、控制器、存储器和I/O设备　　D. 运算器、控制器和存储器
3. 用计算机对生产过程进行控制，是计算机在（　　）方面的应用。
   A. 科学计算　　B. 信息处理　　C. 过程控制　　D. 人工智能
4. 微机硬件系统分为（　　）两大部分。
   A. 主机和外部设备　　B. 内存储器和显示器
   C. 内部设备和键盘　　D. 键盘和外部设备
5. 主机由（　　）组成。
   A. 运算器、存储器和控制器　　B. 运算器和控制器
   C. 输入设备和输出设备　　D. 键盘和外部设备
6. 不属于计算机外部设备的是（　　）。
   A. 输入设备　　B. 硬盘　　C. 输出设备　　D. 主（内）存储器
7. 美国宾夕法尼亚大学1946年研制成功的一台大型通用数字电子计算机，名称是（　　）。
   A. Pentium　　B. IBM PC　　C. ENIAC　　D. Apple
8. 摩尔定律主要内容是指微型芯片上集成的晶体管数目每（　　）个月翻一番。
   A. 6　　B. 12　　C. 18　　D. 24
9. 第4代计算机采用大规模和超大规模（　　）作为主要电子元件。
   A. 电子管　　B. 晶体管　　C. 集成电路　　D. 微处理器
10. 计算机中最重要的核心部件是（　　）。
    A. DRAM　　B. CPU　　C. UPS　　D. ROM
11. 将微机或某个微机核心部件安装在某个专用设备之内，这样的系统称为（　　）。
    A. 大型计算机　　B. 服务器　　C. 嵌入式系统　　D. 网络
12. 从市场产品来看，计算机大致可以分为大型计算机、（　　）和嵌入式系统三类。
    A. 工业PC　　B. 服务器　　C. 微型计算机　　D. 笔记本微机
13. 大型集群计算机技术是利用许多台单独的（　　）组成的一个计算机系统，该系统能够像一台机器那样工作。
    A. CPU　　B. 计算机　　C. ROM　　D. CRT
14. 下列不属于计算机硬件系统的是（　　）。
    A. CPU　　B. 存储器　　C. 接口　　D. 操作系统
15. 下列不属于系统软件的是（　　）。
    A. 操作系统　　B. 大型数据库
    C. 语言处理程序　　D. 财务管理软件
16. 下列不属于应用软件的是（　　）。
    A. 系统诊断软件　　B. 学生管理软件
    C. 财务管理软件　　D. 工程制图软件
17. 在计算机层次结构中处于最底层的是（　　）。
    A. 汇编语言层　　B. 操作系统层　　C. 机器语言层　　D. 微程序层
18. 计算机操作系统及系统软件开发人员工作在（　　）层。

A. 汇编语言层　　　B. 操作系统层　　　C. 机器语言层　　　D. 微程序层

19. 下列不属于冯·诺依曼体系结构基本组成部分的是(　　)。
    A. 运算器　　　　B. 操作系统　　　　C. 控制器　　　　　D. 存储器

20. 下列属于嵌入式系统的是(　　)。
    A. 超级计算机　　　　　　　　　　B. 掌上电脑
    C. 电子收款机(POS)　　　　　　　D. 笔记本电脑

21. 下列不属于未来新型计算机的是(　　)。
    A. 量子计算机　　　　　　　　　　B. 大规模集成电路计算机
    C. 生物计算机　　　　　　　　　　D. 光子计算机

22. 下列不属于计算机硬件系统的是(　　)。
    A. CPU　　　　　　B. ROM　　　　　C. I/O　　　　　　D. OS

23. PC启动后(　　)从内存中取出第一条指令。
    A. 运算器　　　　B. I/O　　　　　　C. CPU　　　　　　D. 操作系统

24. 第一台计算机的名称是(　　)。
    A. ENIAC　　　　B. EDVAC　　　　C. IBM　　　　　　D. APPLE

25. 第一台实现存储程序的计算机的名称是(　　)。
    A. ENIAC　　　　B. EDVAC　　　　C. IBM　　　　　　D. APPLE

26. 下列属于量子计算机优点的是(　　)。
    A. 能进行并行运算　　　　　　　　B. 受环境影响小
    C. 有自我修复能力　　　　　　　　D. 不需要导线

27. 下列属于输入设备的是(　　)。
    A. 显示器　　　　B. 键盘　　　　　C. 打印机　　　　　D. 内存储器

28. 下列属于输出设备的是(　　)。
    A. 鼠标　　　　　B. 键盘　　　　　C. 打印机　　　　　D. 麦克风

29. 计算机辅助设计的英文简称是(　　)。
    A. CAM　　　　　B. CAT　　　　　 C. CAI　　　　　　D. CAD

30. 下列具有记忆功能的部件是(　　)。
    A. 内存　　　　　B. 键盘　　　　　C. 鼠标　　　　　　D. 总线

31. 计算思维的本质是对求解问题的抽象和实现问题处理的(　　)。
    A. 高速度　　　　B. 高精度　　　　C. 自动化　　　　　D. 可视化

1.3　多项选择题

1. 下列属于微型计算机的有(　　)。
   A. 工业控制PC　　　　　　　　　　B. PC服务器
   C. 自动柜员机　　　　　　　　　　D. 笔记本电脑

2. 下列属于经典计算机辅助系统的有(　　)。
   A. CAD　　　　　B. MIS　　　　　　C. CAI　　　　　　D. CAM

3. 微型计算机主机由(　　)组成。
   A. 微处理器　　　B. 内部存储器　　　C. 接口电路　　　　D. 总线

4. 计算机的外设主要是指(　　)。

A. 中央处理器　　　　B. 输入设备　　　　C. 输出设备　　　　D. 主存储器

5. 下面属于应用软件的有（　　）。
   A. Windows XP　　　　　　　　　　B. 飞机订票系统
   C. 图书管理系统　　　　　　　　　D. 文字处理软件

6. 微处理器由（　　）组成。
   A. 内存储器　　　　B. 控制器　　　　C. 运算器　　　　D. 寄存器

7. 系统软件主要包括（　　）。
   A. 操作系统　　　　　　　　　　　　B. 语言处理程序
   C. 电子表格制作软件 Excel　　　　　D. 网页制作软件 Dreamweaver

8. 从功能上看，现代计算机系统可分为 5 个层次级别，从高到低依次是、高级语言层、汇编语言层、（　　）。
   A. 操作系统层　　　B. 机器语言层　　　C. 低级语言层　　　D. 微程序层

9. 冯·诺依曼对计算机的主要贡献有（　　）。
   A. 二进制思想　　　B. 存储程序　　　C. 程序控制　　　D. 集中控制

10. 计算机的应用领域主要有（　　）。
    A. 科学计算　　　　　　　　　　　　B. 过程监测与控制
    C. 信息管理　　　　　　　　　　　　D. 计算机辅助系统

11. 以下属于 PC 的有（　　）。
    A. 自动柜员机　　　B. 笔记本电脑　　　C. 掌上型微机　　　D. 大型服务器

12. 以下属于量子计算机优点的有（　　）。
    A. 并行计算　　　　　　　　　　　　B. 量子态下的操纵简单
    C. 能耗低　　　　　　　　　　　　　D. 存储能力大大提高

13. 以下属于大型计算机的有（　　）。
    A. 超级计算机　　　　　　　　　　　B. 大型集群计算机
    C. 大型服务器　　　　　　　　　　　D. 工业控制 PC

14. 每条指令由（　　）组成。
    A. 操作码　　　　　B. 断点　　　　　C. 时间脉冲　　　　D. 操作数

15. 冯·诺依曼体系结构计算机由（　　）组成。
    A. 控制器　　　　　B. 存储器　　　　C. 运算器　　　　　D. 指令

16. CPU 可以直接访问的部件有（　　）。
    A. Cache　　　　　B. 内存　　　　　C. 硬盘　　　　　　D. 光盘

17. 下列具有记忆功能的部件有（　　）。
    A. 内存储器　　　　B. 硬盘　　　　　C. 光盘　　　　　　D. 寄存器

18. 下列与计算机的发展直接相关的标志性人物有（　　）。
    A. 冯·偌依曼　　　　　　　　　　　　B. 达芬奇
    C. 比尔·盖茨　　　　　　　　　　　　D. 史蒂夫·乔布斯

19. 计算思维的本质是（　　）。
    A. 抽象　　　　　　B. 具体　　　　　C. 自动化　　　　　D. 可视化

参考答案

1.1 判断题

1～5. FFFTF   6～10. TTFTF   11～15. TTTTF
16～20. TTFTT   21～22. FT

1.2 单项选择题

1～5. CCCAA   6～10. DCCCB   11～15. CCBDD
16～20. ADBBC   21～25. BDCAB   26～31. ABCDA
32. C

1.3 多项选择题

1. BD   2. ACD   3. ABCD   4. BC   5. BCD
6. BCD   7. AB   8. ABD   9. ABC   10. ABCD
11. BC   12. ACD   13. ABC   14. AD   15. ABC
16. AB   17. ABCD   18. ACD   19. AC

第 2 章　　数据的表示与运算

2.1　判断题

1. R 进位计数制共 R 个基本数元。　　　　　　　　　　　　　　　　　　　　　（　　）
2. 八进制的基本数元是从 1 到 8。　　　　　　　　　　　　　　　　　　　　　　（　　）
3. $(100)_{10}$ 和 $(64)_{16}$ 大小相等。　　　　　　　　　　　　　　　　　　　　　（　　）
4. 用基数权重展开公式可以将 R 进制数转换为十进制数。　　　　　　　　　　　（　　）
5. 二进制数转换为十六进制需要以小数点为界每 3 位截取转换。　　　　　　　　（　　）
6. 将十进制数转换为 R 进制数时,小数部分采用除 R 取余法。　　　　　　　　　（　　）
7. 正数的原码、补码和反码表示格式相同。　　　　　　　　　　　　　　　　　　（　　）
8. 同一个数的补码和移码只是符号位不同。　　　　　　　　　　　　　　　　　　（　　）
9. 所有机器数表示中,符号位 0 表示正数,1 表示负数。　　　　　　　　　　　　（　　）
10. 当用补码格式表示时,负数可以比正数多表示一个。　　　　　　　　　　　　（　　）
11. 浮点数表示中,指数部分位数越多,则可以表示的数据范围越大。　　　　　　（　　）
12. 浮点数表示中,尾数部分位数越多,则可以表示的数据精度越高。　　　　　　（　　）
13. 若浮点数尾数和指数都采用补码表示,当尾数符号位为 0 时,则该浮点数为正数或 0;尾数符号位为 1 时,该浮点数是负数。　　　　　　　　　　　　　　　　　　　（　　）
14. 溢出产生的根本原因是运算结果超出了数据的编码表示范围。　　　　　　　（　　）
15. 逻辑运算中位与位之间有时会产生进位和借位。　　　　　　　　　　　　　（　　）
16. 逻辑运算通常用于对一个数据的某些位执行某种操作,例如设置为 1、清除为 0 等。
　　　　　　　　　　　　　　　　　　　　　　　　　　　　　　　　　　　　　（　　）
17. 补码减法运算可以转换为补码加法运算实现。　　　　　　　　　　　　　　（　　）
18. 补码的加减运算比原码的加减运算更难用硬件实现。　　　　　　　　　　　（　　）
19. 标准 ASCII 码用 7 位二进制对 128 种符号进行编码。　　　　　　　　　　　（　　）
20. 大写英文字母的 ASCII 码按顺序依次递减。　　　　　　　　　　　　　　　（　　）
21. A 的 ASCII 码加 32 等于 a 的 ASCII 码。　　　　　　　　　　　　　　　　（　　）
22. 点阵字库存储的是字符笔画轮廓的形状参数信息。　　　　　　　　　　　　（　　）
23. 点阵字库的缺点是不便于对文字进行缩小和放大处理。　　　　　　　　　　（　　）
24. 奇偶校验码不但可以检错,还可以纠错。　　　　　　　　　　　　　　　　（　　）
25. 计算机存储一个浮点数时把字长分为两部分,分别存储该浮点数的整数部分和小数部分。　　　　　　　　　　　　　　　　　　　　　　　　　　　　　　　　　　　（　　）
26. Unicode 不能对汉字进行编码。　　　　　　　　　　　　　　　　　　　　（　　）
27. 矢量字库有利于对字符进行放大和缩小显示。　　　　　　　　　　　　　　（　　）

28. UCS-2 编码只适用于对 BMP 平面上的字符编码。　　　　　　　　(　)
29. UTF-8 中存在字节序问题。　　　　　　　　　　　　　　　　　　(　)
30. Unicode 是一种多字节字符编码方案。　　　　　　　　　　　　　(　)
31. 奇偶校验主要用于对单个字符进行校验。　　　　　　　　　　　　(　)
32. 奇偶校验只能发现奇数个位出错的情况,并且不能纠正错误。　　　(　)
33. 奇校验中要求有效数据中奇数个位为 1。　　　　　　　　　　　　(　)
34. 当用记事本进行英文输入时,文件中保存的是按键对应的英文字符的 ASCII 码。
　　　　　　　　　　　　　　　　　　　　　　　　　　　　　　　　(　)
35. 一个字节包含 8 个二进制位。　　　　　　　　　　　　　　　　　(　)
36. 点阵字库的优点是字形能任意缩放。　　　　　　　　　　　　　　(　)
37. 0 的补码有两种表示格式。　　　　　　　　　　　　　　　　　　(　)
38. 一个 ASCII 字符在计算机中用一个字节存储。　　　　　　　　　　(　)
39. 点阵字库比矢量字库占用的空间小。　　　　　　　　　　　　　　(　)
40. 既有整数又有小数的数值在计算机中通常用浮点数格式存储。　　(　)
41. 在所有的 BCD 表示格式中,每个十进制数位用 4 位二进制来表示。(　)
42. 每个 16×16 点阵的汉字字模信息需要用 16 字节存储。　　　　　(　)
43. GB 2312—1980、GBK、GB 18030—2000 和 Big5 都是简体汉字内码表示标准。
　　　　　　　　　　　　　　　　　　　　　　　　　　　　　　　　(　)
44. 已知 0 的 ASCII 为 48,则 1 的 ASCII 为 49。　　　　　　　　　　(　)
45. Unicode 既能表示英文字符,也能表示汉字、日文等字符。　　　　(　)
46. 汉明校验码既能用于检错,也能用于纠错。　　　　　　　　　　　(　)
47. BIG5 是一种繁体汉字编码方案。　　　　　　　　　　　　　　　(　)
48. 汉字在计算机中存储的是其机内码。　　　　　　　　　　　　　　(　)
49. 在 5421 编码中,1011 是数字字符 7 的编码。　　　　　　　　　　(　)
50. 逻辑运算可以根据多个子条件的成立与否来判断总体条件是否成立。(　)

2.2　单项选择题

1. 把十进制数 215 转换成二进制数,结果为(　　)。
　　A. 10010110　　　B. 11011001　　　C. 11101001　　　D. 11010111
2. 把二进制数 0.11 转换成十进制数,结果为(　　)。
　　A. 0.75　　　　　B. 0.5　　　　　　C. 0.2　　　　　　D. 0.25
3. 下列各数中最小的是(　　)。
　　A. $(101100)_2$　　B. $(54)_8$　　　　C. $(44)_{10}$　　　D. $(2A)_{16}$
4. 下列四个无符号十进制数中,能用 8 位二进制数表示的是(　　)。
　　A. 256　　　　　B. 299　　　　　　C. 199　　　　　　D. 312
5. 能使等式 $(1)_R+(11)_R=(100)_R$ 成立的数制 R 是(　　)。
　　A. 十六进制　　　B. 十进制　　　　C. 八进制　　　　D. 二进制
6. 执行下列逻辑加(即逻辑或运算)10101010∨01001010 的结果是(　　)。
　　A. 11110100　　　B. 11101010　　　C. 10001010　　　D. 11100000
7. 下列数中最大的是(　　)。

A. $(1010010)_2$　　B. $(512)_8$　　C. $(278)_{10}$　　D. $(235)_{16}$

8. 二进制数整数+0110101 的 8 位长度补码是(　　)。
   A. 11001010　　B. 10110101　　C. 00110101　　D. 11001011

9. 二进制数整数-0110101 的 8 位长度补码是(　　)。
   A. 11000110　　B. 10110101　　C. 10110110　　D. 11001011

10. 下列有关计算机内部信息的表示,描述不正确的是(　　)。
    A. 用补码表示有符号数,可将减法转换为加法运算实现
    B. 定点数与浮点数都有一定的表示范围
    C. ASCII 码是由联合国制定的计算机内部唯一使用的标准代码
    D. 计算机内部的所有数据都是用二进制编码表示的

11. 在计算机中,一个 ASCII 码字符需要使用(　　)个字节存储。
    A. 1　　B. 2　　C. 3　　D. 4

12. 以下定义的各汉字编码标准中,字符集中支持字符最多的是(　　)。
    A. GB 2312—1980　　B. GBK
    C. GB 18030—2000　　D. Big5

13. 在计算机内部用于存储、交换、处理汉字的编码是(　　)。
    A. 输入码　　B. 机内码　　C. 区位码　　D. 字形码

14. 汉字处理系统中的字库文件用来解决(　　)问题。
    A. 汉字在计算机内的存储
    B. 输入时的键位编码
    C. 汉字识别
    D. 输出时转换为显示或打印字模

15. 用户从键盘上输入汉字所用的编码称为(　　)。
    A. 国标码　　B. 区位码　　C. 输入码　　D. 字模

16. 已知汉字"创"的区位码是 2020,则其国标码是(　　)。
    A. 2020　　B. 2020H　　C. 3434　　D. 3434H

17. 已知汉字"创"的区位码是 2020,则其 GB 2312—1980 机内码是(　　)。
    A. 3434　　B. 3434H　　C. B4B4　　D. B4B4H

18. 已知汉字"学"的机内码是 D1A7H,则其国标码是(　　)。
    A. 5127H　　B. 5127　　C. 4907H　　D. 4907

19. 十进制数 168 转换为八进制数的结果是(　　)。
    A. $(247)_8$　　B. $(249)_8$　　C. $(250)_8$　　D. $(251)_8$

20. 二进制数 110.01 转换为十进制数的结果是(　　)。
    A. 110.01　　B. 6.25　　C. 6.01　　D. 6.5

21. 八进制数 $(247)_8$ 转换为十六进制数的结果是(　　)。
    A. $(A7)_{16}$　　B. $(A8)_{16}$　　C. $(A9)_{16}$　　D. $(AA)_{16}$

22. 下面最小的数字是(　　)。
    A. $(123)_{10}$　　B. $(136)_8$　　C. $(10000001)_2$　　D. $(8F)_{16}$

23. 下列数中,(　　)不是八进制数的基本数元。
    A. 5　　B. 6　　C. 7　　D. 8

24. 下面不合法的数字是(　　)。

A. (11111111)$_2$ B. (139)$_8$ C. (2980)$_{10}$ D. (1AF)$_{16}$

25. 将二进制数转换为十六进制数时,二进制1101对应十六进制数元( )。
    A. B B. C C. D D. E

26. 下面真值最大的补码数是( )。
    A. (10000000)$_2$ B. (11111111)$_2$ C. (01000001)$_2$ D. (01111111)$_2$

27. 下面真值最小的原码数是( )。
    A. (10000000)$_2$ B. (11111111)$_2$ C. (01000001)$_2$ D. (01111111)$_2$

28. 整数在计算机中通常采用( )格式存储和运算。
    A. 原码 B. 反码 C. 补码 D. 移码

29. 计算机中浮点数的指数部分通常采用( )格式存储和运算。
    A. 原码 B. 反码 C. 补码 D. 移码

30. −128的8位补码机器数是( )。
    A. (10000000)$_2$ B. (11111111)$_2$ C. (01111111)$_2$ D. 无法表示

31. 8位字长补码表示的整数 N 的数据范围是( )。
    A. −128～127 B. −127～127 C. −127～128 D. −128～128

32. 8位字长原码表示的整数 N 的数据范围是( )。
    A. −128～127 B. −127～127 C. −127～128 D. −128～128

33. 一个数据在计算机中表示的二进制格式称为该数的( )。
    A. 机器数 B. 真值 C. 原码 D. 补码

34. −1的8位原码表示形式为( )。
    A. 00000001 B. 10000001 C. 11111111 D. 11111110

35. −1的8位补码表示形式为( )。
    A. 00000001 B. 10000001 C. 11111111 D. 11111110

36. −1的8位反码表示形式为( )。
    A. 00000001 B. 10000001 C. 11111111 D. 11111110

37. −1的8位移码表示形式为( )。
    A. 01111111 B. 10000001 C. 11111111 D. 11111110

38. 某数的8位补码格式为11111110,则其真值为( )。
    A. −2 B. −1 C. 254 D. −254

39. 十进制数整数(+10)$_{10}$的移码机器数格式为( )。
    A. 00001010 B. 10001010 C. 11110110 D. 01110110

40. (110.1)$_2$的规格化形式是( )。
    A. $2^{011} \times 0.1101$ B. $2^{100} \times 0.01101$
    C. $2^{101} \times 0.001101$ D. $2^{010} \times 1.101$

41. 下列编码中,( )是无权编码。
    A. 8421码 B. 2421码 C. 5211码 D. 格雷码

42. 8421码中,0111是( )的编码。
    A. 4 B. 5 C. 6 D. 7

43. 5421 BCD编码中,1100是( )的编码。
    A. 6 B. 7 C. 8 D. 9

44. 8位字长补码运算中,(　　)会发生溢出。
    A. 96+32　　　　B. 96-32　　　　C. -96-32　　　　D. -96+32
45. 补码数(10000000)₂算术右移一位和逻辑右移一位的结果分别是(　　)。
    A. (11000000)₂和(01000000)₂　　　　B. (01000000)₂和(11000000)₂
    C. (01000000)₂和(01000000)₂　　　　D. (11000000)₂和(11000000)₂
46. 一个数算术左移一位相当于给该数(　　)。
    A. 乘2　　　　B. 除2　　　　C. 加2　　　　D. 减2
47. 一个数算术右移时符号位应(　　)。
    A. 补0　　　　B. 补1　　　　C. 补符号位　　　　D. 不确定
48. (　　)运算可以把一个数据中的某些位变为0,其他位保持不变。
    A. 与　　　　B. 或　　　　C. 非　　　　D. 异或
49. (　　)运算可以把一个数据中的某些位变为1,其他位保持不变。
    A. 与　　　　B. 或　　　　C. 非　　　　D. 异或
50. (　　)运算可以把一个数据中的某些位取反,其他位保持不变。
    A. 与　　　　B. 或　　　　C. 非　　　　D. 异或
51. 专门用于汉字显示或打印的编码信息是(　　)。
    A. 国标码　　　　B. 输入码　　　　C. 汉字字模　　　　D. 机内码
52. (　　)编码是常用的英文字符编码。
    A. ASCII　　　　B. BCD　　　　C. GB 2312—1980　　　　D. GBK
53. 若字母A的ASCII编码是65,则b的ASCII编码是(　　)。
    A. 64　　　　B. 66　　　　C. 96　　　　D. 98
54. (　　)是通行于中国台湾省和香港特别行政区的繁体汉字编码方案。
    A. GB 2312—1980　　　　B. GB 18030—2000
    C. GBK　　　　D. Big5
55. 一个汉字的GB 2312—1980机内码在计算机中存储时占用(　　)个字节。
    A. 1　　　　B. 2　　　　C. 3　　　　D. 4
56. 24×24点阵字库中,一个汉字的字模信息存储时占用(　　)个字节。
    A. 24　　　　B. 48　　　　C. 72　　　　D. 576
57. 若一个汉字的区位码是2966,其GB 2312—1980机内码是(　　)。
    A. 3D62H　　　　B. 3D63H　　　　C. BDE2H　　　　D. BDE3H
58. UCS-4编码方案中,一个字符的编码需要占用(　　)字节。
    A. 1　　　　B. 2　　　　C. 4　　　　D. 8
59. 若采用偶校验且下面数据已经包含校验位,则校验错误的是(　　)。
    A. (10101010)₂　　　　B. (01010101)₂
    C. (11110000)₂　　　　D. (00000111)₂
60. 主要用于查错和纠错的校验编码是(　　)。
    A. 奇校验　　　　B. 偶校验
    C. 循环冗余校验码　　　　D. 海明校验码
61. 适合于对一批数据进行校验的是(　　)。

A. 奇校验 B. 偶校验
   C. 循环冗余校验码 D. 海明校验码
62. 计算机中所有信息都是用( )来表示的。
   A. Unicode 编码 B. 二进制格式 C. ASCII 码 D. BCD 码
63. 数据运算时产生溢出的根本原因是( )。
   A. 运算方法不正确 B. 运算结果太大超出表示范围
   C. 计算机内部发生机器故障 D. 操作系统运行出错
64. 汉字在计算机中存储时采用的编码是( )。
   A. 字形码 B. 输入码 C. 区位码 D. 汉字机内码
65. 下列校验编码具有纠错功能的是( )。
   A. 奇校验 B. 偶校验 C. CRC 校验 D. 汉明校验
66. 下列关于汉字编码描述不正确的是( )。
   A. 输入码主要解决汉字如何输入问题
   B. 汉字机内码主要解决汉字如何存储
   C. 汉字字形码主要解决输出显示问题
   D. GB 18030—2000 是一种汉字输入码
67. ( )编码主要用于汉字在显示器上的显示。
   A. 输入码 B. 机内码 C. 国标码 D. 字模
68. ( )是浮点数格式国际编码标准。
   A. IEEE 754 B. ASCII C. Unicode D. GBK
69. 下列不属于逻辑运算的是( )。
   A. 与运算 B. 或运算 C. 异或运算 D. 加法运算
70. 下列关于标准 ASCII 描述不正确的是( )。
   A. 是一种英文字母及符号编码 B. 每个符号占用一个字节存储
   C. 共可表示 256 种字母和符号 D. 每个符号的编码长度为 7 位二进制
71. 下列不属于算术运算的是( )。
   A. 与运算 B. 减法运算 C. 除法运算 D. 加法运算
72. 磁盘块数据校验常用的校验码是( )。
   A. 奇校验 B. 偶校验 C. CRC 校验 D. 汉明校验
73. 一个字节由( )个二进制位组成。
   A. 1 B. 4 C. 8 D. 16
74. 下列不是 BCD 编码的是( )。
   A. 8421 码 B. 余 3 码 C. 汉明码 D. 格雷码
75. 关于 Unicode 编码不正确的是( )。
   A. 可以对 2^{31} 种符号编码 B. 是一种多字节编码方案
   C. 不能对汉字编码 D. 有 UCS-2 和 UCS-4 两种编码标准

2.3 多项选择题

1. 十六进制数右下角用( )标识。
   A. B B. D C. H D. 16
2. ( )运算属于算术运算。

A. 加 B. 减 C. 与 D. 或
3. (　　)运算属于逻辑运算。
   A. 加 B. 减 C. 与 D. 或
4. 常用的校验编码有(　　)。
   A. 奇校验 B. 偶校验 C. 循环冗余校验码 D. 汉明校验码
5. (　　)是中文字符编码。
   A. ASCII B. BCD C. GB 2312—1980 D. Big5
6. 下列关于 ASCII 的描述正确的是(　　)。
   A. 标准 ASCII 编码可以对 128 个符号进行编码
   B. "A"的 ASCII 比"B"的 ASCII 编码大
   C. "0"到"9"的 ASCII 编码依次递增
   D. 每个中文汉字都有自己的 ASCII
7. 下列描述正确的有(　　)。
   A. 原码每位取反可得到反码
   B. 正数的原码和其反码一样
   C. 补码符号位取反即得到移码
   D. 所有编码中正数符号位为 0,负数符号位为 1
8. 下列关于算术和逻辑运算描述正确的是(　　)。
   A. 算术运算时可能产生进位 B. 逻辑运算时可能产生进位
   C. 算术运算时可能发生溢出 D. 逻辑运算时可能发生溢出
9. 下列描述正确的是(　　)。
   A. 五笔字型是一种汉字输入码
   B. 点阵字库比矢量字库占用更多空间
   C. 矢量字库缩放显示不变形
   D. 点阵字模点数越多显示越清楚
10. 下列属于汉字内码的是(　　)。
    A. GB 2312—1980 机内码 B. 区位码
    C. 字形码 D. GB 18030
11. 下列属于补码特点的是(　　)。
    A. 0 具有唯一表示格式 B. 减法可以转换为加法进行计算
    C. 可以简化 CPU 的硬件实现 D. 同一字长正数比负数多表示一个
12. 下列属于整数机器数表示格式的有(　　)。
    A. 原码 B. 补码
    C. Unicode D. GB 2312—1980
13. 下列关于补码的描述正确的是(　　)。
    A. 整数在计算机中通常采用补码存储
    B. 0 在补码中有唯一表示
    C. 补码中正数可以比负数多表示一个
    D. 采用补码可以简化 CPU 实现
14. 常用的汉字输入码有(　　)。

A. 字形码　　　　B. 拼音码　　　　C. 汉字内码　　　　D. 音形混合码

15. 下面关于 Unicode 编码描述正确的有(　　)。
    A. 是一种多字节编码方案
    B. 只能对英文符号编码
    C. 有 UTF-8、UTF-16、UTF-32 三种实现方案
    D. 有 UCS-2 和 UCS-4 两种编码标准

16. 下面关于 GB 2312—1980 编码描述正确的有(　　)。
    A. 是一种简体中文编码方案
    B. 每个汉字的 GB 2312—1980 编码就是该汉字的内码
    C. 每个汉字的 GB 2312—1980 编码为两个字节
    D. GB 2312—19880 不能对二级汉字编码

17. (　　)BCD 编码是有权编码。
    A. 8421　　　　B. 5211　　　　C. 格雷码　　　　D. 余 3 码

18. 下列属于校验码的是(　　)。
    A. 国标码　　　　B. 奇偶校验码　　　　C. CRC　　　　D. 汉明检验码

19. 属于非法数字的有(　　)。
    A. $(198)_2$　　　　B. $(198)_8$　　　　C. $(198)_{10}$　　　　D. $(198)_{16}$

20. 下列属于汉字编码的是(　　)。
    A. GB 2312—2000　　B. ASCII　　C. GB 18030—2000　　D. GBK

21. 下列数据有错误的是(　　)。
    A. $(1011)_2 (179)_8$　　　　　　　　B. $(1024)_2 (1af)_{16}$
    C. $(198)_D (cdef)_{16}$　　　　　　　D. $(0011)_2 (12h)_{16}$

参考答案

2.1　判断题
1～5. TFTTF　　　　6～10. FTTFT　　　　11～15. TTTTF
16～20. TTFTF　　　21～25. TFTFF　　　26～30. FTTFT
31～35. TTFTT　　　36～40. FFTFT　　　41～45. TFFTT
46～50. TTTFT

2.2　单项选择题
1～5. DADCD　　　　6～10. BDCDC　　　　11～15. ACBDC　　　　16～20. DDACB
21～25. ABDBC　　　26～30. DBCDA　　　31～35. ABABC　　　36～40. DAABA
41～45. DDDAA　　　46～50. ACABD　　　51～55. CADDB　　　56～60. CCCDD
61～65. CBBDD　　　66～70. DDADC　　　71～75. ACCCC

2.3　多项选择题
1. CD　　　2. AB　　　3. CD　　　4. ABCD　　　5. CD
6. AC　　　7. BC　　　8. AC　　　9. ABCD　　　10. AD
11. ABC　　12. AB　　13. ABD　　14. ABD　　　15. ACD
16. ABC　　17. AB　　18. BCD　　19. AB　　　　20. ACD
21. ABD

第3章 计算机硬件

3.1 判断题

1. 嵌入式 CPU 通常采用哈佛体系结构。（　）
2. 嵌入式系统的一个特点是系统软件、硬件可按照用户要求订制。（　）
3. 计算机硬件系统由主机和外设两部分构成。（　）
4. CPU 处理速度快，计算机的速度一定快，计算机运行速度完全由 CPU 主频决定。
（　）
5. 计算机各部件通过总线进行通信。（　）
6. 内存的存取速度比外存储器要快。（　）
7. 在工作中电源突然中断，ROM 中的信息会全部丢失。（　）
8. 常用的 CD-ROM 光盘只能读出信息而不能写入。（　）
9. 打印机是计算机的一种输出设备。（　）
10. 计算机硬盘也是一种外部设备。（　）
11. 我们一般所说的计算机内存是指 ROM。（　）
12. 磁盘中的数据 CPU 可以直接读写。（　）
13. 总线是连接计算机内部多个功能部件的一组公共信息通路。（　）
14. 整个计算机的运行是受 CPU 控制的。（　）
15. 一个存储元只能存储一个二进制位的信息。（　）
16. CPU 是按照地址访问内存的。（　）
17. 一个存储器中所有存储单元的总数称为它的存储容量。（　）
18. 设置 Cache 的目的是解决 CPU 和主存速度不匹配的矛盾。（　）
19. 一个计算机中 Cache 的容量通常比主存的容量要大。（　）
20. Cache 中通常存放的是主存中使用最频繁的信息副本。（　）
21. Cache 越大，CPU 访问主存的平均速度越快。（　）
22. 虚拟存储器的主要目的是解决 CPU 和主存速度不匹配的矛盾。（　）
23. 虚拟存储器是根据程序局部性原理设计的。（　）
24. 虚拟存储器处于存储器层次结构的"主存-辅存"层次。（　）
25. 采用存储器层次结构的目的就是为了降低系统成本。（　）
26. 接口是外部设备和 CPU 之间的信息中转站。（　）
27. 所有外部设备必须通过接口才能和 CPU 通信。（　）
28. 当代计算机普遍采用层次存储器结构。（　）

29. 若 CPU 的地址线有 n 根,则 CPU 可寻址的内存空间是 2^n。( )
30. 嵌入式系统是软硬件可裁减的专用计算机系统。( )
31. 嵌入式系统的 CPU 大部分采用哈佛体系结构。( )
32. 多媒体计算机主要用于对声音、视频、图像、动画等信息进行加工处理。( )
33. 硬盘是一种磁介质存储器。( )
34. 静态 RAM 存储器和动态 RAM 存储器都需要定期刷新。( )
35. 内存的任何一个存储单元都有唯一地址,CPU 根据该地址对存储单元进行读写。
( )
36. 存储周期是指 CPU 对存储器进行两次连续访问的最长时间。( )
37. 图形显示器的分辨率是指显示器中像素点的个数。( )
38. 哈佛体系结构的主要特点是有独立的程序存储器和数据存储器。( )
39. 计算机开机密码、系统时间等数据主要保存在 CMOS 芯片中。( )
40. 计算机刚开机时执行的是硬盘中的程序。( )
41. BIOS 是一种 ROM 芯片,主要保存系统自检测程序和基本驱动程序。( )
42. 显卡、声卡、网卡都是常用的接口设备。( )
43. 固态硬盘采用 Flash 芯片存储信息,所以属于内存。( )
44. 华为鲲鹏处理器主要应用于人工智能应用领域。( )
45. 计算机指令系统主要分为 CISC 和 RISC 两大类。( )

3.2 单项选择题

1. 下列描述正确的是( )。
   A. 1MB=1000B　　　　　　　　B. 1MB=1000KB
   C. 1MB=1024B　　　　　　　　D. 1MB=1024KB
2. 完整的计算硬件系统包括( )。
   A. 运算器和控制器　　　　　　B. CPU、RAM 和 ROM
   C. 主机和外设　　　　　　　　D. CPU、总线、接口
3. 要使用外部存储器中的信息,应先将其调入( )。
   A. 控制器　　B. 运算器　　C. 微处理器　　D. 内部存储器
4. 整个计算机受( )的控制。
   A. 运算器　　B. 控制器　　C. 内部存储器　　D. 总线
5. 计算机主机各功能部件通过( )连接在一起。
   A. 控制器　　B. 运算器　　C. CPU　　D. 总线
6. 衡量计算机运算速度快慢常用的单位是( )。
   A. MIPS　　B. b/s　　C. MHZ　　D. KB
7. RAM 是( )的简称。
   A. 随机存取存储器　　　　　　B. 只读存储器
   C. 辅助存储器　　　　　　　　D. 个人存储器
8. DRAM 的中文含义是( )。
   A. 静态随机存储器　　　　　　B. 静态只读存储器
   C. 动态随机存储器　　　　　　D. 动态只读存储器

9. 下列项目不属于计算机性能指标的是(   )。
   A. 主频   B. 字长   C. 运算速度   D. 是否带光驱
10. 微型计算机中,控制器的基本功能是(   )。
    A. 进行算术和逻辑运算   B. 存储各种控制信息
    C. 保持各种控制状态   D. 控制机器各个部件协调一致地工作
11. (   )用来存放系统硬件配置和一些用户设定的参数。
    A. BIOS   B. ROM   C. CMOS   D. CD-ROM
12. CPU芯片内部连接各元件的总线是(   )。
    A. 内部总线   B. 外围总线   C. 外部总线   D. 系统总线
13. 下列关于微机总线的描述中正确的是(   )。
    A. 地址总线是单向的,数据和控制总线是双向的
    B. 控制总线是单向的,数据和地址总线是双向的
    C. 控制总线和数据总线是单向的,地址总线是双向的
    D. 三者都是双向的
14. I/O接口位于(   )。
    A. CPU和I/O设备之间   B. CPU和总线之间
    C. 内部总线和I/O设备之间   D. CPU和内存储器之间
15. 设CPU有n根地址线,则其可以访问的物理地址数为(   )。
    A. n^2 B. 2^n C. n D. $\log n$
16. 设置Cache的目的是(   )。
    A. 增加存储容量   B. 提高存取速度
    C. 提高可靠性   D. 提高安全性
17. 下列不属于半导体存储器的是(   )。
    A. U盘   B. 硬盘   C. RAM   D. ROM
18. 下列存储器断电后信息会丢失的是(   )。
    A. ROM   B. RAM   C. CD-ROM   D. 硬盘
19. 屏幕上的点距越小,显示器的分辨率越(   )。
    A. 高   B. 低
    C. 点距和分辨率无关   D. 都不对
20. 普通微机必不可少的输入输出设备是(   )。
    A. 打印机和键盘   B. 鼠标和键盘
    C. 显示器和打印机   D. 显示器和键盘
21. 一台字节寻址计算机的地址总线有20根,则最大可安装(   )内存。
    A. 1MB   B. 1GB   C. 1KB   D. 不确定
22. ROM的中文意思是(   )。
    A. 软盘驱动器   B. 随机存储器
    C. 硬盘驱动器   D. 只读存储器
23. 在微机系统中,(   )的存储容量最大。
    A. 内存   B. 软盘   C. 硬盘   D. Cache

24. 下面所列存储器中,属于高速缓存的是(　　)。
    A. EPROM　　　　B. Cache　　　　C. CD-ROM　　　　D. DRAM
25. 设置虚拟存储器的目的是(　　)。
    A. 扩大内存容量　　　　　　　　B. 提高内存平均访问速度
    C. 提高硬盘读写速度　　　　　　D. 提高 CPU 主频
26. 处理器的速度是指处理器核心工作的速率,它常用(　　)来表述。
    A. 系统的时钟速率　　　　　　　B. 执行指令的速度
    C. 执行程序的速度　　　　　　　D. 处理器总线的速度
27. 硬盘驱动器是计算机中的一种外存储器,它的重要作用是(　　)。
    A. 保存处理器将要处理的数据或处理的结果
    B. 保存用户需要保存的程序和数据
    C. 提供快速的数据访问方法
    D. 使保存其中的数据不因掉电而丢失
28. 关于 CD-ROM,(　　)的表述是正确的。
    A. CD-ROM 是一种只读光存储介质
    B. 断电后 CD-ROM 中的信息会丢失
    C. CD-ROM 是一种可读写的存储器
    D. CD-ROM 与硬盘一样都可随机地读写
29. 光盘驱动器的速度,常用多少倍速来衡量,如 40 倍速的光驱表示成 40x。其中的 x 表示(　　),它是以最早的 CD 播放速度为基准的。
    A. 150KB/s　　　B. 153.6KB/s　　　C. 300KB/s　　　D. 385KB/s
30. 键盘、鼠标与(　　)都是最通用的输入输出设备。
    A. 打印机　　　　B. 显示器　　　　C. 扫描仪　　　　D. 手写笔
31. (　　)不属于外部设备。
    A. 内部存储器　　B. 外部存储器　　C. 输入设备　　　D. 输出设备
32. 计算机的控制核心是(　　)。
    A. 微处理器　　　B. 接口　　　　　C. 存储器　　　　D. 总线
33. 下列(　　)不属于输出设备。
    A. 光笔　　　　　B. 显示器　　　　C. 打印机　　　　D. 音箱
34. 下列不属于接口设备的是(　　)。
    A. 网卡　　　　　B. 显卡　　　　　C. 声卡　　　　　D. CPU
35. (　　)不是控制器的功能。
    A. 程序控制　　　B. 操作控制　　　C. 时间控制　　　D. 信息存储
36. CPU 中用于跟踪下一条将要执行的指令地址的是(　　)。
    A. 程序计数器(PC)　　　　　　　B. 程序状态字(PSW)
    C. 指令寄存器(IR)　　　　　　　D. 指令译码器(ID)
37. CPU 中用于保存当前机器运行状态的是(　　)。
    A. 程序计数器(PC)　　　　　　　B. 程序状态字(PSW)
    C. 指令寄存器(IR)　　　　　　　D. 指令译码器(ID)

38. 8个二进制位组成的信息单位叫（　　）。
    A. 存储元　　　　　B. 字节　　　　　　C. 字　　　　　　　D. 存储单元
39. 1MB=（　　）字节。
    A. 2^{10}　　　　　B. 2^{20}　　　　　C. 2^{30}　　　　　D. 2^{40}
40. 两次CPU对存储器读写操作之间的最小间隔称为（　　）。
    A. 读写时间　　　　B. 存储带宽　　　　C. 存储容量　　　　D. 存取周期
41. （　　）不是磁表面存储器。
    A. 硬盘　　　　　　B. 光盘　　　　　　C. 软盘　　　　　　D. 磁带
42. 下列存取速度最快的器件是（　　）。
    A. 寄存器　　　　　B. 内存　　　　　　C. Cache　　　　　D. 磁盘
43. 磁盘读写一次的最小数据量是（　　）。
    A. 一个字节　　　　B. 一个扇区　　　　C. 一个磁道　　　　D. 一个柱面
44. 计算机主要性能指标通常不包括（　　）。
    A. 主频　　　　　　B. 字长　　　　　　C. 功耗　　　　　　D. 存储周期
45. （　　）不适合采用嵌入式系统。
    A. 智能手机　　　　B. 工业控制设备　　C. 军事领域　　　　D. 大型科学计算
46. （　　）不适合多媒体计算机。
    A. 家电控制　　　　B. 图像识别　　　　C. 声音合成　　　　D. 视频压缩
47. 下列器件CPU访问速度最快的是（　　）。
    A. 寄存器　　　　　B. Cache　　　　　C. 内存　　　　　　D. 硬盘
48. 总线带宽是指（　　）。
    A. 数据总线的根数　　　　　　　　　　B. 地址总线的根数
    C. 总线每秒钟传输的信息量　　　　　　D. 总线每秒钟传输数据的次数
49. 下列不属于嵌入式系统特点的是（　　）。
    A. 软硬件可根据用户需要裁剪　　　　　B. 常采用哈佛体系结构
    C. 对成本、体积、功耗有严格要求　　　D. 是一种通用计算机机
50. （　　）适用于银行票据打印。
    A. 激光打印机　　　B. 喷墨打印机　　　C. 针式打印机　　　D. 串口打印机
51. BIOS中存储的信息不包括（　　）。
    A. 开机自检测程序　B. 操作系统　　　　C. 基本驱动程序　　D. 英文字库
52. BIOS是（　　）缩写。
    A. 基本输入输出系统　　　　　　　　　B. 操作系统
    C. 中央处理器　　　　　　　　　　　　D. 高速缓冲存储器
53. CMOS存储的信息不包括（　　）。
    A. 系统日期时间　　　　　　　　　　　B. 系统开机密码
    C. 默认启动的操作系统　　　　　　　　D. Widows登录密码
54. 下列属于计算机局部总线的是（　　）。
    A. ISA　　　　　　B. EISA　　　　　　C. AGP　　　　　　D. USB
55. 下列不是外部设备的是（　　）。

A. U盘　　　　　　B. 硬盘　　　　　　C. 打印机　　　　　D. 显示适配器
56. 对于下列各类ROM,用户无法修改ROM中数据的是(　　)。
　　　A. MROM　　　　　B. PROM　　　　　C. EPROM　　　　　D. EEPROM
57. 下列属于通信总线的是(　　)。
　　　A. ISA　　　　　　B. EISA　　　　　　C. PCI　　　　　　　D. USB
58. 下列CPU主要应用于手机市场的是(　　)。
　　　A. 奔腾　　　　　　B. 麒麟　　　　　　C. 鲲鹏　　　　　　D. 昇腾
59. CPU中用于管理虚拟存储器的硬件部分是(　　)。
　　　A. 运算器　　　　　B. 寄存器　　　　　C. Cache　　　　　　D. MMU
60. 衡量总线数据传输快慢的技术指标是(　　)。
　　　A. 总线宽度　　　　B. 总线带宽　　　　C. 总线频率　　　　D. 存储周期

3.3　多项选择题

1. 下列存储器中,断电后信息不会丢失的有(　　)。
　　　A. ROM　　　　　　B. RAM　　　　　　C. CD-ROM　　　　D. 硬盘
2. 常用的打印机类型有(　　)。
　　　A. 针式打印机　　　B. 喷墨打印机　　　C. 激光打印机　　　D. 黑白打印机
3. 评价显示器性能常用的指标有(　　)。
　　　A. 运算速度　　　　B. 字长　　　　　　C. 分辨率　　　　　D. 刷新频率
4. 属于计算机外设的有(　　)。
　　　A. 打印机　　　　　B. 键盘　　　　　　C. 鼠标　　　　　　D. 内存
5. 运算器的主要功能包括(　　)。
　　　A. 完成各种算术运算　　　　　　　　B. 完成各种逻辑运算
　　　C. 从内存取指令并分析指令　　　　　D. 按照指令要求控制其他各部件工作
6. 下列属于中央处理器的部件有(　　)。
　　　A. 运算器　　　　　B. 控制器　　　　　C. 存储器　　　　　D. 总线
7. 计算机硬件主要包括主机和外设,属于主机的是(　　)。
　　　A. 运算器　　　　　B. 控制器　　　　　C. 内部存储器　　　D. 外部存储器
8. 下列属于输入设备的有(　　)。
　　　A. 键盘　　　　　　B. 鼠标　　　　　　C. 扫描仪　　　　　D. 光笔
9. 下列具有存储功能的有(　　)。
　　　A. 磁盘　　　　　　B. 内存　　　　　　C. 寄存器　　　　　D. 中央处理器
10. CPU和存储器的连接线包括(　　)。
　　　A. 地址线　　　　　B. 数据线　　　　　C. 控制线　　　　　D. 握手信号线
11. 按照存储介质的不同,存储器主要可以分为(　　)。
　　　A. 磁介质存储器　　B. 半导体存储器　　C. 光介质存储器　　D. 外部存储器
12. 按照存储器存取方法的不同,存储器可分为(　　)。
　　　A. 随机访问存储器　B. 只读存储器　　　C. 静态存储器　　　D. 动态存储器
13. 按信息存储原理的不同,RAM存储器分为(　　)。
　　　A. 高速缓冲存储器　B. 只读存储器　　　C. 静态存储器　　　D. 动态存储器

14. 根据存储器在计算机中所处位置和作用的不同,存储器可分为( )。
    A. 半导体存储器   B. 内部存储器
    C. 外部存储器   D. 高速缓冲存储器
15. 存储器的层次结构主要包括( )。
    A. CPU   B. Cache   C. 主存   D. 辅存
16. 按工作原理的不同,打印机主要包括( )。
    A. 针式打印机   B. 激光打印机   C. 喷墨打印机   D. 串行打印机
17. 根据在计算机系统中所处位置的不同,总线可分为( )。
    A. 片内总线   B. 系统总线   C. 通信总线   D. 局部总线
18. 下列关于 Cache 的描述正确的是( )。
    A. 根据程序局部性原理设计
    B. 目的是提高 CPU 访问内存的平均速度
    C. 命中率越接近 1,平均速度越接近主存的访问速度
    D. 容量越大命中率越高
19. 下面属于外部存储器的有( )。
    A. 硬盘   B. 光盘   C. U 盘   D. 移动硬盘
20. 下列对于内存的描述正确的有( )。
    A. CPU 按照地址访问内存
    B. 内存由许多存储单元构成
    C. 每个存储单元都有一个地址
    D. 每个存储单元可以存放 8b
21. 关于 CPU 的描述正确的是( )。
    A. 是计算机控制核心   B. 可执行算术和逻辑运算
    C. 可向其他部分发送控制信号   D. 主要由运算器和寄存器两部分组成
22. 下列关于嵌入式计算机的描述正确的是( )。
    A. CPU 通常采用哈佛体系结构
    B. 软件硬件可裁剪
    C. 对成本、功耗、体积要求比较严格
    D. 属于专用计算机
23. 根据接口类型的不同,硬盘可分为( )。
    A. ATA 硬盘   B. SATA 硬盘   C. SCSI 硬盘   D. 机械硬盘
24. 鼠标常用的接口形式有( )。
    A. PS/2   B. USB   C. PCI   D. HDMI
25. 显示器常用的接口形式有( )。
    A. USB   B. VGA   C. HDMI   D. DVI

参考答案

3.1 判断题

1~5. TTTFT   6~10. TFTTT   11~15. FFTTT   16~20. TTTFT
21~25. TFTTF   26~30. TTTTT   31~35. TTTFT   36~40. FTTTF

41~45. TTFFT

3.2 单项选择题

1~5. DCDBD　　6~10. AACDD　　11~15. CAAAB　　16~20. BBBAD
21~25. ADCBA　26~30. ABAAB　31~35. AAADD　36~40. ABBBD
41~45. BABCD　46~50. AACDC　51~55. BADCD　56~60. ADBDB

3.3 多项选择题

1. ACD　　　　2. ABC　　　　3. CD　　　　4. ABC　　　　5. AB
6. AB　　　　 7. ABC　　　　8. ABCD　　　9. ABC　　　　10. ABC
11. ABC　　　12. AB　　　　13. CD　　　　14. BCD　　　　15. BCD
16. ABC　　　17. ABCD　　　18. ABD　　　19. ABCD　　　20. ABC
21. ABC　　　22. ABCD　　　23. ABC　　　24. AB　　　　25. BCD

第 4 章　计算机软件

4.1　判断题

1. 计算机软件是计算机运行所需要的各种程序、程序运行所需的数据及其相关文档的集合。　　　　　　　　　　　　　　　　　　　　　　　　　　　　　　（　　）
2. 计算机硬件是指导计算机软件工作的程序或指令集。　　　　　　　　　　（　　）
3. 按照计算机的控制层次，计算机软件分为操作系统和应用软件。　　　　（　　）
4. 办公软件属于计算机系统软件。　　　　　　　　　　　　　　　　　　　（　　）
5. 计算机系统软件是为计算机用户提供各种服务的基础软件。　　　　　　（　　）
6. 输入任何命令都要遵守命令的语法格式。　　　　　　　　　　　　　　　（　　）
7. 安装软件，即将一些存放在外部存储器上的程序有规则地安装到硬盘上，之后计算机就可以通过读取硬盘上的程序来运行。　　　　　　　　　　　　　　　　　（　　）
8. 个人用户安装操作系统可以通过一键还原方式或克隆方式。　　　　　　（　　）
9. 概要设计阶段就是对每个模块的完整功能进行具体描述，并把功能描述转变为精确的、结构化的过程描述。　　　　　　　　　　　　　　　　　　　　　　　　（　　）
10. 详细设计阶段就是对每个模块的完整功能进行具体描述，并把功能描述转变为精确的、结构化的过程描述。　　　　　　　　　　　　　　　　　　　　　　　　（　　）
11. 瀑布模型和快速原型法模型是两种普遍的软件开发模型。　　　　　　　（　　）
12. 瀑布模型比较适合用户需求不断变化的软件开发。　　　　　　　　　　（　　）
13. 电子表格是用于管理和显示数据并可对数据进行各种复杂运算和统计的表格。
　　　　　　　　　　　　　　　　　　　　　　　　　　　　　　　　　　　（　　）
14. 演示文稿中的每一张幻灯片是由若干"对象"组成的，并有一定的版式。　（　　）
15. 多媒体创作软件按其功能可分为多媒体素材制作软件和多媒体应用开发软件两大类。　　　　　　　　　　　　　　　　　　　　　　　　　　　　　　　　　　（　　）
16. 多媒体操作系统通常都自带了图像编辑工具、画图程序、截图工具等。　（　　）
17. 最新版本的 Photoshop 只能进行图像处理和动画处理，不能制作视频。　（　　）
18. 3D Studio Max 是基于 PC 系统的三维动画渲染和制作软件。　　　　　　（　　）
19. Adobe After Effects 简称 AE，适用于视频后期制作。　　　　　　　　　（　　）
20. HTML 从 1.0 到 5.0 经历了巨大的变化，如今的 HTML5 使得移动终端的网页设计更加便利。　　　　　　　　　　　　　　　　　　　　　　　　　　　　　　　（　　）
21. 记事本软件可以编写网页。　　　　　　　　　　　　　　　　　　　　　（　　）
22. 即时通信软件是通过即时通信技术实现在线交流互动功能的软件。　　　（　　）

23. 除了使用 QQ,目前很多国内企业使用钉钉或者企业微信进行办公自动化。
（   ）
24. 敏捷软件开发模型是一种应对快速变化的需求的一种软件开发能力,适用于规模较大、开发团队成员非常多的项目。（   ）
25. 电子表格处理软件是用于对文字进行录入、编辑、排版的软件。（   ）
26. 计算机软件文档是计算任务的处理对象和处理规则的描述。（   ）
27. 计算机程序是计算任务的处理对象和处理规则的描述或者指令集。（   ）
28. 计算机软件文档是计算机软件的组成部分,是指令集的阐明性资料。（   ）
29. 计算机能直接识别和处理的二进制程序或代码是汇编语言。（   ）
30. 计算机能直接识别和处理的二进制程序或代码是机器语言。（   ）

4.2 单项选择题

1. 按照计算机的控制层次,计算机软件可以分为(　　)软件和应用软件。
   A. 系统　　　　　B. 操作　　　　　C. 程序　　　　　D. 驱动
2. 语言处理程序是将源程序转换为(　　)的程序。
   A. 机器语言　　　B. 汇编语言　　　C. 高级语言　　　D. 自然语言
3. Android 是一种基于 Linux 的自由及开放源代码的操作系统,主要使用于(　　)。
   A. 移动设备　　　　　　　　　　　B. 笔记本电脑设备
   C. 大型设备　　　　　　　　　　　D. 高性能计算机设备
4. 嵌入式软件通常驻留在(　　)存储器内,为产品提供所需功能。
   A. 可写　　　　　B. 只读　　　　　C. 可读写　　　　D. 随机读写
5. 软件的工作模式主要有(　　)驱动模式和命令驱动模式。
   A. 图形　　　　　B. 图像　　　　　C. 语音　　　　　D. 菜单
6. 命令一般由(　　)和可选的参数组成。
   A. 参数个数　　　B. 必选的参数　　C. 命令名　　　　D. 命令集合
7. 驱动程序是一种可以使计算机和(　　)通信的特殊程序。
   A. 设备　　　　　B. 软件　　　　　C. 系统　　　　　D. 程序
8. 在软件开发过程中,需求分析阶段的任务不要求具体地解决问题,而是确定(　　)。
   A. 软件系统必须具备的功能　　　　B. 软件系统的开发计划
   C. 软件系统的可行性　　　　　　　D. 软件系统的体系结构
9. 在软件生存周期中的(　　)阶段,开发人员需要将各项功能转换成需要的体系结构。
   A. 需求分析　　　B. 概要设计　　　C. 详细设计　　　D. 编码
10. 在软件生存周期中的(　　)阶段,开发人员需要把每个模块的控制结构转换成计算机可接受的程序代码。
    A. 需求分析　　　B. 概要设计　　　C. 详细设计　　　D. 编码
11. 在软件生存周期中的(　　)阶段,开发人员需要在用例的基础上,检验软件的各个组成部分。
    A. 需求分析　　　B. 测试　　　　　C. 详细设计　　　D. 编码
12. (　　)是软件生存周期中时间最长的阶段。

A. 需求分析　　　B. 测试　　　C. 维护　　　D. 编码

13. 瀑布模型强调（　　）分阶段地开发,在进入实际的设计开发之前必须预先对需求严格定义。

A. 自顶向下　　　B. 自底向上　　　C. 从左至右　　　D. 从右至左

14. Powerpoint 的版式为插入的对象提供了（　　）,可插入文本、图片、表格、SmartArt 图形、超链接、音视频文件等对象。

A. 占位符　　　B. 模板　　　C. 主题　　　D. 背景

15. 在排练演示文稿或创建自运行演示文稿时,可以使用幻灯片的（　　）功能记录演示每个幻灯片所需的时间,以确保整个演示文稿满足特定的时间框架。

A. 自定义放映　　　B. 放映时书写　　　C. 交互式文稿设置　　　D. 排练计时

16. （　　）软件不能对图像进行操作。

A. Photoshop　　　B. 美图秀秀　　　C. Audition　　　D. 图片工厂

17. （　　）软件常用于对视频进行处理。

A. 3D Studio Max　　　B. Adobe Premiere　　　C. Audition　　　D. Cool 3D

18. 目前制作网页的工具很多,按其工作方式,主要分为两种:代码编辑工具和（　　）。

A. 可视化编辑综合工具　　　B. 菜单编辑

C. 综合编辑　　　D. 云编辑

19. 网页是一种独立的（　　）文件。

A. 程序　　　B. 标记语言　　　C. 超文本　　　D. 普遍文本

20. 用户通过网络和（　　）从一个页面跳转到另一个页面,实现对整个网站的浏览。

A. 浏览器　　　B. 服务器　　　C. 命令　　　D. 链接

21. 站点是制作网站时在机器上的一个（　　）位置,即在硬盘上保存文件的地方。

A. 物理　　　B. 虚拟　　　C. 网络　　　D. 快捷方式

22. （　　）是搭建网页的基础语言。

A. XML　　　B. HTML　　　C. JSP　　　D. ASP

23. Adobe Dreamweaver 简称 DW,是一款流行的所见即所得的（　　）编辑器。

A. 网页　　　B. 视频　　　C. 动画　　　D. 图像

24. 下列软件不属于系统软件的是（　　）。

A. 编译程序　　　B. 诊断程序　　　C. 操作系统　　　D. 财务管理软件

25. WinRAR 创建的压缩文件的扩展名是（　　）。

A. .zip　　　B. .ppt　　　C. .rar　　　D. .xls

26. 下面不属于操作系统的是（　　）。

A. Windows　　　B. Linux　　　C. Android　　　D. Flash

27. 下面不是常用压缩文件扩展名的是（　　）。

A. .iso　　　B. .arj　　　C. .do　　　D. .zip

28. 下面不是瀑布模型特点的是（　　）。

A. 快捷性　　　B. 顺序性　　　C. 依赖性　　　D. 推迟性

29. WPS 是（　　）公司的产品。

A. 金山　　　B. IBM　　　C. Microsoft　　　D. Sony

30. Microsoft Word 是办公软件中重点针对(　　)进行处理的软件。
   A. 文字　　　　　B. 表格　　　　　C. 数据　　　　　D. 演示文稿
31. 下列(　　)不属于 Word 文件排版的基本层次。
   A. 字符级排版　　B. 段落级排版　　C. 页面级排版　　D. 图文混排
32. Excel 软件是一种(　　)。
   A. 大型数据库系统　B. 操作系统　　C. 应用软件　　D. 系统软件
33. 在 PowerPoint 中,幻灯片中占位符的作用是(　　)。
   A. 表示文本长度　　　　　　　　B. 限制插入对象的数量
   C. 表示图形大小　　　　　　　　D. 为文本、图形预留位置
34. 在 PowerPoint 中,为了精确控制幻灯片的放映时间,一般使用(　　)操作。
   A. 设置切换效果　　　　　　　　B. 设置换页方式
   C. 排练计时　　　　　　　　　　D. 设置幻灯片版式
36. PowerPoint 提供了多种(　　),它包含了相应的配色方案、母版和字体样式等,可供用户快速生成风格统一的演示文稿。
   A. 切换方式　　　B. 模板　　　　　C. 放映方式　　　D. 以上均不对
37. (　　)是 PowerPoint 中的一种特殊的幻灯片,在其中可定义整个演示文稿的幻灯片格式。需要出现在每张幻灯片中的对象一般在母版中进行插入,如页码、时间等。
   A. 母版　　　　　B. 模板　　　　　C. 备注　　　　　D. 以上均不对
38. 迭代式模型也被称作(　　)或迭代进化式模型,它弥补了传统的瀑布模型中的一些缺点。
   A. 螺旋模型　　　　　　　　　　B. 敏捷开发模型
   C. 迭代增量模型　　　　　　　　D. 瀑布模型
39. 在 Excel 表格中,第三行第四列的单元格名称为(　　)。
   A. A3　　　　　　B. B4　　　　　　C. D3　　　　　　D. C4
40. 用 Word 编辑文档时,所见即所得的视图是(　　)。
   A. 普通视图　　　B. 页面视图　　　C. 大纲视图　　　D. Web 版式视图
41. 在 Excel 工作表的单元格中计算一组数据后出现##########,这是由于(　　)所致。
   A. 单元格显示宽度不够　　　　　B. 计算数据出错
   C. 公式出错　　　　　　　　　　D. 数据格式出错

4.3 多项选择题

1. 目前典型的操作系统有(　　)。
   A. Windows　　　B. UNIX　　　　　C. macOS
   D. Linux　　　　E. Android
2. 计算机语言分为(　　)。
   A. 机器语言　　　B. 汇编语言　　　C. 高级语言　　　D. 自然语言
3. 语言处理程序一般包括(　　)。
   A. 汇编程序　　　B. 可执行程序　　C. 编译程序　　　D. 解释程序
4. 常见的文字处理软件包括(　　)。

A. Excel B. Microsoft Word C. WPS 文字 D. PowerPoint
5. 当一个软件的功能很多时,可能有上百个菜单项,通常用来组织菜单项的方法有(　　)。
　　A. 子菜单 B. 对话框 C. 命令列表 D. 帮助文档
6. 办公软件可以进行的工作有(　　)。
　　A. 文字处理 B. 表格制作
　　C. 幻灯片制作 D. 简单数据库处理
7. 文字处理软件可以对文字进行(　　)。
　　A. 录入 B. 编辑 C. 排版 D. 输出
8. 多媒体技术是指将(　　)等多种媒体信息通过计算机进行数字化综合处理等,使多种媒体信息建立起逻辑连接,并集成为一个具有交互性的系统的技术。
　　A. 文本 B. 音频 C. 图形图像 D. 动画与视频
9. (　　)属于音频的基本操作。
　　A. 音频的复制 B. 音频的录制
　　C. 音频的裁剪 D. 音频的选区操作
　　E. 音频的拆分 F. 音频的静音处理
10. (　　)属于图像的基本操作。
　　A. 图像的复制 B. 图像的拼接
　　C. 图像的裁剪 D. 图像的选区操作
　　E. 图像的拼接与分割 F. 图像的格式转换
11. 以下属于压缩文件的有(　　)。
　　A. RAR B. ZIP C. ISO D. CAB E. PSD
12. 常用的音视频会议软件有(　　)。
　　A. 飞书 B. 钉钉会议 C. 腾讯会议 D. Zoom
13. 螺旋模型将(　　)和(　　)结合起来,强调了其他模型所忽视的风险分析,特别适合于大型复杂的系统。
　　A. 瀑布模型 B. 快速原型模型 C. 敏捷开发模型 D. 迭代模型
14. 在 Excel 软件生成的一个电子表格中,可以包含(　　)个工作表。
　　A. 1 B. 2 C. 3 D. 5
15. 以下属于软件生存周期中活动的是(　　)。
　　A. 项目开发计划 B. 需求分析 C. 详细设计
　　D. 测试和维护 E. 编码
16. 以下属于即时通信软件的有(　　)。
　　A. QQ B. 微信 C. 钉钉 D. 支付宝
17. 常见的开发模型包括(　　)等。
　　A. 瀑布模型 B. 快速原型模型 C. 迭代式模型
　　D. 螺旋模型 E. 敏捷模型
18. 以下(　　)文件格式默认用 PowerPoint 软件打开。
　　A. .pptx B. .ppt C. .pps D. .ppsx
19. 关于硬件系统和软件系统的概念,下列叙述正确的是(　　)。

A. 计算机硬件系统的基本功能是接受计算机程序,并在程序控制下完成数据输入和数据输出任务

B. 软件系统建立在硬件系统的基础上,它使硬件功能得以充分发挥,并为用户提供一个操作方便、工作轻松的环境

C. 没有装软件系统的计算机不方便工作,其使用价值非常低

D. 一台计算机只要装入操作系统软件后,即可进行文字处理或数据处理工作

20. PowerPoint 普通视图中的三个工作区域是(　　)。

A. 大纲区　　　　B. 幻灯片区　　　　C. 备注区　　　　D. 母版区

参考答案

4.1 判断题

1～5. TFTFT　　6～10. TTTFT　　11～15. TFTTT　　16～20. TFTTT

21～25. TTTFT　　26～30. FTFFT

4.2 单项择选题

1～5. AAABD　　6～10. CAABD　　11～15. BCAAD　　16～20. CBACA

21～25. ABADC　　26～30. DCAAA　　31～35. DCDCB　　36～40. ACCBA

41. A

4.3 多项选择题

1. ABCDE　　2. ABC　　3. ACD　　4. BC　　5. AB

6. ABCD　　7. ABCD　　8. ABCD　　9. ABCDEF　　10. ABCDEF

11. ABCD　　12. ABCD　　13. AB　　14. ABCD　　15. ABCDE

16. ABC　　17. ABCDE　　18. ABCD　　19. ABC　　20. ABC

第 5 章　操作系统

5.1　判断题

1. 操作系统是计算机硬件与其他软件的接口,也是用户和计算机的接口。　　　(　　)
2. 嵌入式操作系统是指通过网络将大量计算机连接在一起,以获取极高的运算能力、广泛的数据共享以及实现分散资源管理等功能为目的的一种操作系统。　　　(　　)
3. 窗口的操作主要有移动窗口、缩放窗口、窗口最大/最小化、窗口内容的滚动和关闭窗口等。　　　(　　)
4. Windows 10 操作系统下,在文件名和文件夹名中,最多可以有 127 个字符。(　　)
5. C:\windows\system32\cacl.exe 表示放置在路径 C:\windows\system32 下的 cacl.exe 文件。　　　(　　)
6. "编辑"菜单中"粘贴"命令的快捷键是 Ctrl+C 组合键,"复制"命令的快捷键是 Ctrl+V 组合键。　　　(　　)
7. Windows 操作系统中,计算机管理包括系统工具、存储、服务和应用程序管理三部分。　　　(　　)
8. C:\>HELP DIR 表示显示出 DIR 命令的使用说明,包括 DIR 命令各参数的使用。
　　　(　　)
9. 常见的 Linux 操作系统都是基于某一个 Linux 版本内核的发行版本。　　　(　　)
10. Vmware 是一种操作系统。　　　(　　)
11. macOS 是一种手机操作系统。　　　(　　)
12. openEuler 内核源于 Linux。　　　(　　)
13. HarmonyOS 的中文名是"鸿蒙操作系统"。　　　(　　)
14. HarmonyOS 上能安装运行 Android 应用。　　　(　　)
15. HarmonyOS 上能安装运行 iOS 应用。　　　(　　)

5.2　单项选择题

1. Windows 10 是一种(　　)操作系统。
　　A. 单用户单任务　　　　　　　　　B. 单用户多任务
　　C. 多用户单任务　　　　　　　　　D. 多用户多任务
2. Windows 10 是一个多任务操作系统,这指的是(　　)。
　　A. 可以供多个用户同时使用　　　　B. 可以运行多种应用程序
　　C. 可以同时运行多个应用程序　　　D. 可以同时管理多种资源
3. Windows 正常关机时,正确的操作是(　　)。
　　A. 直接关闭电源

B. ①关闭所有运行程序；②选择"开始"菜单中的"关机"命令；③选择"关机"；④单击"是"

C. ①关闭所有运行程序；②选择"开始"菜单中的"注销"命令；③单击"是"

D. ①关闭所有运行程序；②选择"开始"菜单中的"运行"命令；③输入 Logout 按 Enter 键；④单击"是"

4. 从运行 MS-DOS 返回到 Windows 的最好方法是（　　）。
   A. 按快捷键 Alt＋Enter　　　　　　B. 输入 Quit 命令，并按 Enter 键
   C. 输入 Exit 命令，并按 Enter 重新启动　　D. 进入 Windows

5. 在 Windows 的桌面下方有"开始"按钮。关于它的说法，不正确的是（　　）。
   A. 只有在关机时才使用它
   B. 单击它会出现一个包含 Windows 命令的菜单
   C. 它是运行程序的入口
   D. 它是执行程序最常用的方式

6. 在 Windows 中，"开始"菜单中的子菜单包括了 Windows 系统的（　　）。
   A. 主要功能　　B. 全部功能　　C. 部分功能　　D. 初始化功能

7. 在 Windows 中，"开始"菜单中的"搜索"子菜单的功能包括（　　）：①查找文件夹和文件②查找网络上的计算机③查找网络上的文件④查找某一时间段的文件夹和文件等。
   A. ①②③④　　B. ①②④　　C. ③④　　D. ①③

8. 在 Windows 中，退出当前应用程序的方法是（　　）。
   A. 按 Esc 键　　B. 按 Ctrl＋Esc 键　　C. 按 Alt＋Esc 键　　D. 按 Alt＋F4 键

9. 在 Windows 中，回收站是（　　）文件存放的地方，通过它可以恢复被误删的文件。
   A. 已删除　　B. 关闭　　C. 打开　　D. 活动

10. 在 Windows 中，使用任务栏不可以做的操作是（　　）。
    A. 切换活动窗口　　　　　　B. 显示被最小化的窗口的图标或名称
    C. 切换输入法　　　　　　　D. 启动应用程序

11. Windows 的"任务栏"（　　）。
    A. 可以被隐藏　　　　　　　B. 不可以被隐藏
    C. 必须要隐藏　　　　　　　D. 是否被隐藏，用户无法控制

12. Windows 的"任务栏"（　　）。
    A. 只能放在桌面的下方　　　　B. 只能放在桌面的下方或右侧
    C. 只能放在桌面的下方或上方　D. 可任意放在桌面的上下方

13. 在 Windows 中，关于在任务栏的"快捷启动"区中，添加快捷启动按钮的说法，不正确的是（　　）。
    A. 将桌面上的图标移到"快捷启动"区中，目的是避免其他程序窗口将它遮挡
    B. 将桌面上的图标移到"快捷启动"区中后，桌面上的图标就不存在了
    C. 将桌面上的图标用鼠标拖至"快捷启动"区中即可
    D. 拖至"快捷启动"区后，桌面上的图标仍然存在

14. 在 Windows 中，当一个应用程序窗口被最小化后，该应用程序将（　　）。
    A. 被终止执行　　B. 继续在前台执行　　C. 被暂停执行　　D. 转入后台

15. 在 Windows 中,某窗口表示的是一个应用程序,则打开该窗口意味着(　　)。
    A. 显示该程序的内容　　　　　　　　B. 运行该程序
    C. 结束该程序运行　　　　　　　　　D. 将该窗口放大到最大
16. 在 Windows 中,单击"最小化"按钮后,当前窗口(　　)。
    A. 当前窗口将消失　　　　　　　　　B. 当前窗口被关闭
    C. 当前窗口缩小为图标　　　　　　　D. 打开控制菜单
17. 在 Windows 中,窗口上的标题栏除了起到标识窗口的作用外,还可以用它来(　　)。
    A. 改变窗口的大小　　　　　　　　　B. 移动窗口的位置
    C. 改变窗口的大小或移动窗口的位置　D. 关闭该窗口
18. 在 Windows 中,不能对窗口进行的操作是(　　)。
    A. 打开　　　　B. 大小调整　　　　C. 移动　　　　D. 复制
19. 在 Windows 中,当一个文档窗口被关闭后,该文档将(　　)。
    A. 保存在外存中　　　　　　　　　　B. 保存在内存中
    C. 保存在剪贴板中　　　　　　　　　D. 保存在 RAM 中
20. 在 Windows 中,当鼠标指针移至窗口标题栏时,拖动它可以对窗口进行(　　)。
    A. 关闭　　　　B. 移动　　　　C. 缩小和放大　　　　D. 打开
21. 在 Windows 中,当窗口"最小化"后,(　　)可使其还原。
    A. 单击"任务栏"上该窗口的图标　　　B. 按 Ctrl 键
    C. 按 Alt 键　　　　　　　　　　　　D. 按 Del 键
22. 在 Windows 中,当窗口"最大化"后,(　　)可使其还原。
    A. 单击窗口"标题栏"的"还原"按钮　　B. 按 Ctrl 键
    C. 按 Del 键　　　　　　　　　　　　D. 按 Alt 键
23. 在 Windows 中,单击操作是指(　　)。
    A. 单击　　　　B. 右击　　　　C. 单击或右击　　　　D. 按一下空格键
24. 在 Windows 中,菜单命令右边带有"…"的表示(　　)。
    A. 执行该命令会弹出下一级菜单
    B. 执行该命令会打开一个对话框
    C. 该命令有快捷键
    D. 在常用工具栏,有一个与该命令功能相应的按钮
25. 在 Windows 中,菜单中某条命令在当前状态下不起作用,则该命令是(　　)。
    A. 后跟"…"　　　　　　　　　　　　B. 前有打勾
    C. 呈灰色　　　　　　　　　　　　　D. 后跟三角形符号
26. 在 Windows 中,在对话框中可以同时进行多项选择的是(　　)。
    A. 命令按钮　　B. 单选按钮　　C. 复选框　　　　D. 滚动按钮
27. 在 Windows 中,在对话框中只能进行一项选择的是(　　)。
    A. 命令按钮　　B. 单选按钮　　C. 复选框　　　　D. 滚动按钮
28. 在 Windows 中,关于光标移动操作,正确的说法是(　　)。
    A. 按 Home 键光标移至行尾　　　　　B. 按 End 键光标移至行首
    C. 按 Shift+Tab 光标移至上一页　　　D. 按 PageDown 键光标移至下一页

29. 关于什么是"文件"的说法,正确的是(   )。
    A. 文件是存放文字的
    B. 文件中不能包含报表
    C. 文件中不能包含图片
    D. 文件是由文件名标识的一组相关信息的集合

30. 在 Windows 中,将目录称为(   )。
    A. 位置   B. 路径   C. 地址   D. 文件夹

31. 在 Windows 中,要查看文件(或文件夹)的属性,在选中一个文件后,单击"文件"菜单中的"属性"命令即可。文件有(   )四种属性。
    A. 删除、复制、移动、综合   B. 只读、隐藏、系统、存档
    C. 删除、复制、系统、存档   D. 只读、隐藏、复制、移动

32. 在 Windows 中,在文件窗口单击"查看"菜单中的"排列图标"命令,系统提供(   )排序方式。
    A. 按文件的名称、大小、类型、日期
    B. 按文件的属性、大小、类型、日期
    C. 按文件的扩展名、属性、大小、类型
    D. 按文件的日期、大小、属性、类型

33. 在 Windows 中,如对多个不连续文件的选定,操作是(   )。
    A. 单击某一个文件
    B. 单击第一个文件,按住 Shift 键,然后单击对角线端点另一个文件
    C. 单击一个文件,按住 Ctrl 键,然后单击另一个文件
    D. 单击"编辑"菜单中的"全部选定"

34. 在 Windows 中,取消对文件的选定,操作是(   )。
    A. 单击已选定的文件   B. 双击已选定的文件
    C. 右击已选定的文件   D. 单击窗口空白处

35. 在 Windows 某文件夹窗口有 50 个文件,已全部被选中。现按住 Ctrl 键,用鼠标的左键单击某个文件,则有(   )个文件被选中。
    A. 50   B. 49   C. 1   D. 0

36. 在 Windows 某文件夹窗口有 45 个文件,其中 30 个文件已被选定,如执行"编辑"菜单中的"反向选择"命令后,有(   )个文件被选中。
    A. 35   B. 30   C. 15   D. 0

37. 在 Windows 中,关于"剪贴板"的说法,不正确的是(   )。
    A. 它是一个在内存中开辟的一块临时存放交换信息的区域
    B. 文件复制或剪切的过程中,都先将文件存放在这里
    C. 可以将存放的内容多次地粘贴到多处
    D. 只能将存放的内容粘贴一次

38. 在 Windows 中,要移动文件,选定文件后,单击"编辑"菜单中的(   )命令,再将插入点移至目标文件的位置,然后单击"编辑"菜单中的"粘贴"命令即可。
    A. 清除   B. 剪切   C. 复制   D. 粘贴

39. 在某个文档窗口已进行多次剪切操作,关闭文档窗口后,剪贴板中的内容为(　　)。
    A. 第一次剪切的内容　　　　　　　B. 最后一次剪切的内容
    C. 所有剪切的内容　　　　　　　　D. 空白
40. 在 Windows 中,要复制文件,单击"编辑"菜单中的(　　)命令,再将插入点移至目标文件的位置,然后单击"编辑"菜单中的"粘贴"命令即可。
    A. 清除　　　　B. 剪切　　　　C. 复制　　　　D. 粘贴
41. 在 Windows 中,关于剪切与删除的叙述,正确的是(　　)。
    A. 剪切与删除本质上相同
    B. 它们都会将所选内容从文档原来位置上消失
    C. 删除时将选定内容存放在"剪贴板"里
    D. 删除了的文字不可以再恢复
42. 在 Windows 中,关于磁盘格式化的说法,错误的是(　　)。
    A. 在"我的电脑"窗口,单击盘符,从"文件"菜单中选择"格式化"命令
    B. 在"我的电脑"窗口,右击盘符,单击快捷菜单中的"格式化"命令
    C. 格式化时会撤销磁盘的根目录
    D. 格式化时会撤销磁盘上原存有的信息(包含病毒)
43. 在 Windows 中格式化磁盘时,若要完整检测盘表面,并标出坏扇区,则在格式化对话框中的"格式化类型"中选定(　　)项。
    A. 快速　　　　B. 全面　　　　C. 仅复制系统文件　　D. 快速和全面
44. 在 Windows 中,要对磁盘进行整理,应在"附件"中执行(　　)。
    A. Internet 工具　　B. 系统工具　　C. 多媒体　　　　D. 超级终端
45. 不能在 Windows 的剪贴板暂时存放的是(　　)。
    A. DOS 环境下复制或剪切的内容　　C. 图像　　　　D. 文字
46. 在 Windows 操作中,可按(　　)键取消本次操作。
    A. Ctrl　　　　B. Esc　　　　C. Shift　　　　D. Alt
47. 在 Windows 中,可以通过按快捷键(　　)激活程序中的菜单栏。
    A. Shift　　　　B. Esc　　　　C. F10　　　　D. F4
48. 操作系统的主要功能包括(　　)。
    A. 运算器管理、存储器管理、设备管理、处理器管理
    B. 文件管理、处理器管理、设备管理、存储管理
    C. 文件管理、设备管理、系统管理、存储管理
    D. 管理器管理、设备管理、程序管理、存储管理
49. 要在 Windows 中安装一个应用程序的正确方法是(　　)。
    A. 将文件复制到硬盘中即可
    B. 在 CONFIG.SYS 和 AUTOEXEC.BAT 文件中添加几条语句
    C. 将文件复制到内存中即可
    D. 单击"开始"按钮,选择"设置"选项中的"控制面板",然后在"控制面板"窗口中双击"添加/删除程序"图标
50. 在 Windows 中,当桌面上有多个窗口时,这些窗口(　　)。

A. 只能重叠

B. 只能平铺

C. 既能重叠,也能平铺

D. 系统自动设置其平铺或重叠,用户无法改变

51. 在 Windows 中,要选定多个不连续的文件(文件夹),要选按住( )。
    A. Alt 键　　　　B. Ctrl 键　　　　C. Shift 键　　　　D. Ctrl+Alt 键

52. 在 Windows 中,要使文件不被修改和删除,可以把文件设置成( )。
    A. 存档文件　　　B. 隐藏文件　　　C. 只读文件　　　D. 系统文件

53. 在 Windows 10 中,使用删除命令删除硬盘中的文件后( )。
    A. 文件确实被删除,无法恢复
    B. 在没有存盘操作的情况下,还可以恢复,否则不可以恢复
    C. 文件被放入回收站,但无法恢复
    D. 文件被放入回收站,可以通过回收站操作恢复

54. 在 Windows 中要剪切文件,在键盘上操作正确的是( )。
    A. Alt+C　　　　B. Esc+V　　　　C. Ctrl+X　　　　D. Ctrl+V

55. 在 Windows 10 中,以下文件命名不正确的是( )。
    A. Com1　　　　B. Adc　　　　　C. Cba　　　　　D. Dad

56. 在 Windows 10 中要打开 MS-DOS 功能,以下正确的方法是( )。
    A. 在桌面单击"开始"按钮,在运行里面输入"CMD"
    B. 打开"我的电脑",在地址栏里面输入"CMD"
    C. 打开 IE 浏览器,在地址栏里面输入"CMD"
    D. 在桌面单击"开始"按钮,在搜索的地址栏里面输入"CMD"

57. 在 MS-DOS 中,要清除屏幕上的信息应该用以下( )命令。
    A. DEL　　　　　B. CLS　　　　　C. LS　　　　　　D. PING

58. 在 Windows 10 的记事本中,( )功能是不能被运用的。
    A. 设置字体大小　　　　　　　　B. 设置字体颜色
    C. 设置字形(如斜体)　　　　　　D. 设置字体(如宋体)

59. ( )不是 Linux 操作系统。
    A. Ubuntu　　　　B. Debian　　　C. Redhat　　　D. Macintosh

60. 对 Windows 发布时间正确排序(由早到晚)的一项是( ):
①Windows 7　②Windows NT4.0　③Windows 98　④Windows XP。
    A. ①④③②　　　B. ①④②③　　　C. ②③④①　　　D. ③②④①

61. 在 Windows 10 中,在添加或删除 Windows 功能的对话框里,以下( )功能不能从这里添加。
    A. .NET Framework　　　　　　　B. IIS Web 服务器
    C. Windows Media Player　　　　D. QQ

62. Windows 10 对文件的组织结构采用( )。
    A. 树状　　　　　B. 网状　　　　　C. 环状　　　　　D. 层状

63. 下列各带有通配符的文件名中,能代表文件 XYZ.txt 的是( )。

A. *Z.? B. X*.* C. ?Z.txt D. ?.?

64. 在 Windows 10 中,按( )键可以获得联机帮助。
    A. Esc B. Ctrl C. F1 D. F12

65. DOS 命令( )可以显示当前路径所有文件。
    A. LIST B. LS C. DIR D. DEL

66. Windows 10 操作系统不支持( )文件系统格式。
    A. FAT B. FAT32 C. NTFS D. EXT2

67. VMware Workstation 是( )软件。
    A. 虚拟机 B. 操作系统 C. 数据库 D. 多媒体

68. ( )不是手机操作系统。
    A. iOS B. Android C. Debian D. HarmonyOS

69. 在 Windows 操作环境下,将整个屏幕画面全部复制到剪贴板中使用的键是( )。
    A. Ctrl+C B. Ctrl+P C. F12 D. PrintScreen

70. 操作系统是一种( )。
    A. 硬件 B. 系统软件 C. 工具软件 D. 应用软件

71. 在 Windows 中,在打开的应用程序之间进行切换的快捷键是( )。
    A. Alt+Tab B. Alt+Esc C. Shift+K D. Ctrl+Q

72. Android 操作系统是基于( )操作系统的内核进行开发的。
    A. Windows B. Android C. Linux D. Python

73. iOS 是( )公司开发的操作系统。
    A. Microsoft B. Google C. Apple D. Oracle

74. Android 是( )公司开发的操作系统。
    A. Microsoft B. Google C. Apple D. Oracle

75. HarmonyOS 是( )公司主导开发的操作系统。
    A. Microsoft B. Google C. 华为 D. 阿里

76. openEuler 是( )公司主导开发的操作系统。
    A. Microsoft B. Google C. 华为 D. 阿里

77. HarmonyOS 除了支持 Linux 内核,还支持( )内核。
    A. UNIX B. Windows C. DOS D. LiteOS

78. macOS 是( )公司开发的操作系统。
    A. Microsoft B. Google C. Apple D. Oracle

79. macOS 建立在( )操作系统系统。
    A. Linux B. UNIX C. Windows D. iOS

80. HarmonyOS 能兼容( )操作系统上的应用。
    A. Linux B. Android C. Windows D. iOS

参考答案

5.1 判断题

1~5. TFTFT   6~10. FTTTF   11~15. FTTTF

5.2 单项选择题

1~5. BCBCA	6~10. BADAD	11~15. ADBDB	16~20. CBDAB
21~25. AAABC	26~30. CBDDD	31~35. BACDB	36~40. CDBBC
41~45. BCBBA	46~50. BCBDC	51~55. BCDCA	56~60. ABBDC
61~65. DABCC	66~70. DACDB	71~75. ACCBC	76~80. CDCBB

第6章 程序设计语言

6.1 判断题
1. 程序设计语言是由字、词和语法规则构成的指令系统。( )
2. 用汇编语言写书的程序,计算机能直接识别。( )
3. 用机器语言书写的程序可读性差,可移植性差。( )
4. 高级语言依赖于具体的处理器体系结构,但用高级语言书写的程序可读性好。( )
5. 由于不同类型的数据占用内存单元的大小不同,所以在用高级语言编写程序时,要说明数据的类型。( )
6. 程序中的注释语句只是为提高程序的可读性而添加的,计算机在执行程序时会自动略去注释信息。( )
7. 汇编语言是一种面向计算机用户的高级语言。( )
8. 人们用高级语言编写的程序称为源程序,源程序可以由计算机直接运行。( )
9. 用汇编语言编写的程序,可移植性好,效率高。( )
10. 面向对象程序设计中的主要概念有对象、消息、类、封装、继承和多态性。( )

6.2 单项选择题
1. Python 源程序文件的扩展名是( )。
   A. .obj   B. .cpp   C. .py   D. .exe
2. 以下不属于计算机程序设计语言的是( )。
   A. Python   B. Java   C. C++   D. ASCII
3. 计算机硬件能直接识别执行的是( )。
   A. 符号语言 B. 机器语言 C. 高级语言 D. 汇编语言
4. 以下 Python 表达式的值为 True 的是( )。
   A. 3<5 and 5<7   B. not(3<5)
   C. 3<5 and 5>7   D. 3>5 or 5>7
5. 以下不是 Python 直接常量的是( )。
   A. "Hello"   B. 123   C. 3.14159 D. ABC
6. 下列不属于结构化程序设计方法主要思想的是( )。
   A. 程序模块化   B. 语句结构化
   C. 自顶向下逐步求精的设计过程 D. 采用继承、多态和模板机制
7. 下列逻辑运算符的优先级按由高到低顺序排列正确的是( )。
   A. not,and,or   B. or,and,not   C. and,or,not   D. and,not,or

8. 以下名称不能作为 Python 语言程序变量名的是（　　）。
　　A．_abc　　　　　B．2xy　　　　　　C．xy2　　　　　　D．pi
9. 下列符号不属于 Python 字符串运算符的是（　　）。
　　A．*　　　　　　B．+　　　　　　　C．mod　　　　　　D．in
10. 下列不属于 Python 逻辑运算符的是（　　）。
　　A．not　　　　　B．xor　　　　　　C．and　　　　　　D．or

6.3　多项选择题

1. 下面属于机器语言程序特点的有（　　）。
　　A．可读性差　　　B．可移植性差　　　C．运行效率高　　　D．运行效率低
2. 下列属于计算机高级语言的有（　　）。
　　A．C++语言　　　B．汇编语言　　　　C．机器语言　　　　D．Python 语言
3. 下列属于程序编译执行步骤的有（　　）。
　　A．编辑　　　　　B．编译　　　　　　C．连接　　　　　　D．运行
4. 下列支持面向对象程序设计的语言有（　　）。
　　A．C 语言　　　　B．Python 语言　　　C．Pascal 语言　　　D．Java 语言
5. 结构化程序设计中的基本程序结构有（　　）。
　　A．顺序结构　　　B．树结构　　　　　C．选择结构　　　　D．循环结构
6. 下列属于 Python 数字类型的有（　　）。
　　A．整数类型　　　B．浮点数类型　　　C．有理数类型　　　D．复数类型
7. 下列属于 Python 算术运算符的有（　　）。
　　A．**　　　　　　B．//　　　　　　　C．!　　　　　　　　D．%
8. 下列属于 Python 关系运算符的有（　　）。
　　A．<>　　　　　　B．!=　　　　　　　C．>=　　　　　　　D．<=
9. 下列属于程序解释执行步骤的有（　　）。
　　A．编辑　　　　　B．编译　　　　　　C．解释　　　　　　D．连接
10. 将源程序转成机器语言程序的方式有（　　）。
　　A．解释方式　　　B．翻译方式　　　　C．编译方式　　　　D．执行方式

参考答案

6.1　判断题

1～5．TFTFT　　　6～10．TFFFT

6.2　单项选择题

1～5．CDBAD　　　6～10．DABCB

6.3　多项选择题

1．ABC　　2．AD　　3．ABCD　　4．BD　　5．ACD　　6．ABD
7．ABD　　8．BCD　　9．AC　　10．AC

第 7 章　数据结构与算法

7.1　判断题
1. 数据项是具有独立含义的最小标识单位。（　）
2. 数据元素是数据的基本单位。（　）
3. 数据结构是指相互之间存在一种或多种特定关系的数据元素的集合。（　）
4. 线性表就是顺序存储的表。（　）
5. 数据的逻辑结构依赖于计算机。（　）
6. 在线性表中，逻辑上相邻的元素，其物理位置也相邻。（　）
7. 数据的逻辑结构决定数据的存储结构。（　）
8. 数据的存储结构又叫数据的物理结构。（　）
9. 树形结构中，各个数据元素之间无任何联系。（　）
10. 数据结构在计算机中的表示称为数据的物理结构。（　）
11. 顺序表是一种随机存取的结构。（　）
12. 顺序表和数组一样，都可以按下标直接访问。（　）
13. 在线性表的顺序存储结构中，逻辑上相邻的两个元素在物理位置上不一定是相邻的。（　）
14. 链式存储的线性表可以随机存取。（　）
15. 叶子节点没有子树。（　）
16. 树的度是指树中所有节点的度之和。（　）
17. 树的深度是指所有节点层次的最大值。（　）
18. 数据对象是性质相同的数据元素的集合，是数据的一个子集。（　）
19. 二叉树不能为空二叉树。（　）
20. 线性表的顺序存储是指在内存中用地址连续的一块存储空间顺序存放线性表的各元素。（　）
21. 顺序表相比于链表，插入删除数据更方便。（　）
22. 顺序表相比于链表，查找元素更方便，能实现随机存取。（　）
23. 线性表的顺序存储结构比链式存储结构好。（　）
24. 栈和队列都是顺序存取的线性表，但它们对存取位置的限制不同。（　）
25. 链表的插入、删除不需要移动元素。（　）
26. 栈内存储的元素先进先出。（　）
27. 队列存储的元素先进先出。（　）
28. 二叉树节点的度不是 0 就是 2。（　）

29. 二叉树的左右子树可以调换。 （　　）
30. 二叉树是一棵有序树。 （　　）
31. 算法是对解题方法的描述步骤。 （　　）
32. 算法的有穷性是指一个算法必须在执行有限步骤后终止。 （　　）
33. 在线性结构中，假设存储了 N 个元素，顺序查找最多执行 N 次就能知道查找结果。 （　　）
34. 伪代码是一种接近于计算机编程语言的算法描述方法。 （　　）
35. 排序是把一个无序的数据元素序列重新整理成按关键字递增（或递减）排列的过程。 （　　）
36. 算法的复杂度一般与算法所解决问题的规模有关。 （　　）
37. 算法的优劣通常用算法的复杂度来衡量，包括时间复杂度和空间复杂度。 （　　）
38. 在评价算法时，时间复杂度和空间复杂度较低的算法是较优的算法。 （　　）
39. 只有面向对象的计算机语言才能描述数据结构算法。 （　　）
40. 进行二分查找的表必须是顺序存储的有序表。 （　　）

7.2　单项选择题

1. 研究数据结构就是研究（　　）。
   A. 数据的逻辑结构
   B. 数据的逻辑结构
   C. 数据的逻辑结构与存储结构
   D. 数据的逻辑结构、存储结构及其基本运算

2. 线性结构是指数据元素之间存在一种（　　）。
   A. 一对多关系　　　　　　　　B. 多对多关系
   C. 多对一关系　　　　　　　　D. 一对一关系

3. 树形结构是数据元素之间存在一种（　　）。
   A. 一对多关系　　　　　　　　B. 多对多关系
   C. 多对一关系　　　　　　　　D. 一对一关系

4. 图形结构是指数据元素之间存在一种（　　）。
   A. 一对多关　　　　　　　　　B. 多对多关系
   C. 多对一关系　　　　　　　　D. 一对一关系

5. 下面属于线性结构的是（　　）。
   A. 二叉树　　　B. 线性表　　　C. 广义表　　　D. 集合

6. 下面属于非线性结构的是（　　）。
   A. 数组　　　B. 单链表　　　C. 栈　　　D. 二叉树

7. 在数据结构中，可以从逻辑上把数据结构分成（　　）。
   A. 动态结构和静态结构　　　　B. 紧凑结构和非紧凑结构
   C. 线性结构与非线性结构　　　D. 内部结构与外部结构

8. 数据结构中，与所使用的计算机无关的是数据的（　　）结构
   A. 存储　　　B. 物理　　　C. 逻辑　　　D. 物理和存储

9. 数据在计算机内存储时，物理地址与逻辑地址相同并且是连续的，称之为（　　）。

A. 存储结构 B. 逻辑结构
C. 顺序存储结构 D. 链式存储结构
10. 线性表若采用链式存储结构时,要求内存中可用的存储单元的地址( )。
 A. 必须是连续的 B. 部分地址必须是连续的
 C. 一定是不连续的 D. 连续不连续都可以
11. 线性表的顺序存储是一种( )的存储结构。
 A. 随机存取 B. 索引存取 C. 顺序存取 D. 散列存取
12. 线性表的链式存储结构是一种( )的存储结构。
 A. 随机存取 B. 索引存取 C. 顺序存取 D. 散列存取
13. 计算机算法指的是( )。
 A. 计算方法 B. 排序方法
 C. 解决问题的有限长的操作序列 D. 调度方法
14. 栈不具有的特点就是( )。
 A. 可随机访问任意元素 B. 插入删除不需要移动元素
 A. 不必实现估计存储空间 D. 所需空间与线性表长度成正比
15. 下面二叉树叶子节点的个数是( )。

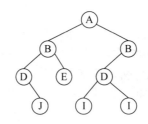

 A. 1 B. 2 C. 3 D. 4
16. 下面二叉树的度是( )。

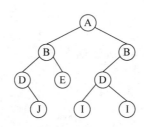

 A. 1 B. 2 C. 3 D. 4
17. 树最适合用来存储( )。
 A. 有序数据元素 B. 无序数据元素
 C. 元素之间具有分支层次关系的数据 D. 元素之间无联系的数据
18. 算法分析的目的就是( )。
 A. 找出数据结构的合理性 B. 研究算法中的输入与输出关系
 C. 分析算法的效率以求改进 D. 分析算法的易懂性与文档性
19. 算法评价的两个主要方面是( )。
 A. 空间复杂性与时间复杂性 B. 正确性与简明性

C. 可读性与文档性　　　　　　　　D. 数据复杂性与程序复杂性
20. 算法具有的性质不包括（　　）。
　　A. 输入输出　　　B. 健壮性　　　C. 有穷性　　　D. 有效性

7.3　多项选择题

1. 数据的逻辑结构包括（　　）。
　　A. 集合　　　B. 线性结构　　　C. 树形结构　　　D. 图状结构
2. 下列属于线性结构的是（　　）。
　　A. 二维数组　　　B. 线性表　　　C. 树　　　D. 队列
3. 数据结构一般包括（　　）。
　　A. 数据的逻辑结构　　　　　　　　B. 数据的存储结构
　　C. 数据运算　　　　　　　　　　　D. 数据对象
4. 顺序表的缺点主要有（　　）。
　　A. 不能随机存取
　　B. 插入删除元素操作复杂
　　C. 对于长度变化较大的线性表，要一次性地分配足够的存储空间，但这些空间常常又得不到充分的利用
　　D. 线性表的容量难以扩充
5. 下面对树结构的基本术语描述正确的有（　　）。
　　A. 节点的度可以用该结点拥有的子树数来衡量
　　B. 叶子节点是指度为 0 的结点
　　C. 节点子树的根称为这个节点的孩子
　　D. 树的度指所有节点的度的最大值
6. 下面对二叉树的描述正确的有（　　）。
　　A. 二叉树至少有 1 个节点
　　B. 二叉树所有非叶节点的度不大于 2
　　C. 二叉树的左右子树不能交换
　　D. 度为 2 的树就是二叉树
7. 算法具有的性质包括（　　）。
　　A. 输入输出　　　　　　　　　　　B. 有效性
　　C. 正确性　　　　　　　　　　　　D. 有穷性
8. 算法可以用下面（　　）方法表示。
　　A. 自然语言　　　　　　　　　　　B. 伪代码
　　C. 流程图　　　　　　　　　　　　D. 程序设计语言
9. 流程图是最早出现的、用图形表示算法的工具，具有的特点包括（　　）。
　　A. 准确　　　B. 直观　　　C. 可读性好　　　D. 简化运算
10. 伪代码通常采用（　　）来描述算法。
　　A. 自然语言　　　B. 数学公式　　　C. 字母　　　D. 符号
11. 下列属于算法性质的有（　　）。
　　A. 有效性　　　B. 正确性　　　C. 有穷性　　　D. 无穷性

12. 算法的优劣通常用(　　)来衡量。
　　A. 时间复杂度　　　B. 健壮性　　　　C. 鲁棒性　　　　D. 空间复杂度

参考答案

7.1　判断题

1~5. TTTFF　　　6~10. FFTFT　　　11~15. TTFFT　　　16~20. FTTFT
21~25. FTFTT　　26~30. FTFFT　　　31~35. TTTTT　　　36~40. TTTFT

7.2　单项选择题

1~5. DDABB　　　6~10. DCCCD　　　11~15. ACCAC　　　16~20. BCCAB

7.3　多项选择题

1. ABCD　　2. ABD　　3. ABC　　4. BCD　　5. ABCD
6. BC　　　7. ABCD　　8. ABCD　　9. ABC　　10. ABCD
11. ABC　　12. AD

第8章 数据库技术

8.1 判断题

1. 一个关系只能有一个主键。　　　　　　　　　　　　　　　　　　　　（　）
2. 一个关系只能有一个候选键。　　　　　　　　　　　　　　　　　　　（　）
3. 一个关系中只能有一个主属性。　　　　　　　　　　　　　　　　　　（　）
4. 数据库系统包括数据库和数据库管理系统。　　　　　　　　　　　　　（　）
5. 关系中允许存在两条相同的元组。　　　　　　　　　　　　　　　　　（　）
6. 关系中元组的个数是有限的。　　　　　　　　　　　　　　　　　　　（　）
7. 关系中元组的次序是任意的。　　　　　　　　　　　　　　　　　　　（　）
8. 一个关系模式中不能存在相同的属性。　　　　　　　　　　　　　　　（　）
9. 关系表格允许"表中嵌套表"。　　　　　　　　　　　　　　　　　　　（　）
10. 数据是信息表现的载体,信息是数据的内涵。　　　　　　　　　　　　（　）
11. 数据库是存储在磁带、磁盘、光盘或其他外存介质上并按一定结构组织在一起的相关数据的集合。　　　　　　　　　　　　　　　　　　　　　　　　　　　　　（　）
12. openGauss 是一款极致性能、安全、可靠的关系型开源数据库。　　　（　）
13. 数据库是数据库系统的核心。　　　　　　　　　　　　　　　　　　（　）
14. 数据库管理系统是数据库系统的核心。　　　　　　　　　　　　　　（　）
15. 在数据库系统中,数据不再面向某个应用,而是作为一个整体来描述和组织并由DBMS 来进行统一的管理,因此数据可被多个用户多个应用程序共享。　　　　（　）
16. 在关系中能唯一区分每一个元组的属性集合称为候选键。　　　　　　（　）
17. 为了维护数据在数据库中与现实世界中的一致性,防止错误数据的录入,关系模型提供了三类完整性约束规则。　　　　　　　　　　　　　　　　　　　　　　（　）
18. openGauss 是华为发布的开源关系数据库。　　　　　　　　　　　　（　）
19. 关系模型由数据结构、数据操作和数据完整性约束这三部分组成。　　（　）
20. 数据就是能够进行运算的数字。　　　　　　　　　　　　　　　　　（　）
21. 数据处理是指将数据转换成信息的过程。　　　　　　　　　　　　　（　）
22. 数据库系统和数据库是同一概念。　　　　　　　　　　　　　　　　（　）
23. 数据库管理系统是位于用户与操作系统之间的一层数据管理软件。　　（　）
24. 数据库管理系统不仅可以对数据库进行管理,还可以绘图。　　　　　（　）
25. 数据库系统实现整体数据的结构化,这是数据库的主要特征之一,也是数据库系统与文件系统的本质区别。　　　　　　　　　　　　　　　　　　　　　　　　（　）
26. 数据库系统的数据共享性高,冗余度低,但是不易扩充。　　　　　　（　）

27. 记录是关系数据库中最基本的数据单位。   (   )
28. 用二维表表示数据及其联系的数据模型称为关系模型。   (   )
29. 关系型数据库中,不同的属性必须来自不同的域。   (   )
30. 文本类型的字段只能用于英文字母和汉字及其组合。   (   )
31. 字段名称通常用于系统内部的引用,而字段标题通常用来显示给用户看。   (   )
32. 一个查询的数据只能来自于一个表。   (   )
33. SELECT 语句必须指定查询的字段列表。   (   )
34. 在 SELECT 语句中,查询条件必须要有。   (   )

8.2 单项选择题

1. 数据库中的"一对多"指的是(   )。
   A. 一个字段可以有许多输入项
   B. 一条记录可以与不同表中的多条记录相关
   C. 一个表可以有多个记录
   D. 一个数据库可以有多个表

2. 在数据库中定义字段的默认值是指(   )。
   A. 不得使字段为空
   B. 不允许字段的值超出某个范围
   C. 在未输入数值之前,系统自动提供数值
   D. 系统自动把小写字母转换为大写字母

3. 表和数据库的关系是(   )。
   A. 一个数据库可以包含多个表   B. 一个表只能包含两个数据库
   C. 一个表可以包含多个数据库   D. 一个数据库只能包含一个表

4. DBS 是采用了数据库技术的计算机系统。DBS 是一个集合体,包含数据库、计算机硬件、软件和(   )。
   A. 系统分析员   B. 程序员   C. 数据库管理员   D. 操作员

5. Microsoft 公司的 SQL Server 数据库管理系统一般只能运行于(   )上。
   A. Windows 平台   B. UNIX 平台   C. Linux 平台   D. NetWare 平台

6. 在 SELECT 命令中,条件短语的关键词是(   )。
   A. WHILE   B. FOR   C. WHERE   D. CONDITION

7. SELECT 命令中用于分组的关键词是(   )。
   A. FROM   B. GROUP BY   C. ORDER BY   D. COUNT

8. SELECT 命令中用于排序的关键词是(   )。
   A. GROUP BY   B. ORDER BY   C. HAVING   D. SELECT

9. SQL 的含义是(   )。
   A. 结构化查询语言   B. 数据定义语言
   C. 数据库查询语言   D. 数据库操纵与控制语言

10. SQL 语言的数据操纵语句包括 SELECT、INSERT、UPDATE、DELETE 等。其中最重要使用也最频繁的语句是(   )。

A. SELECT　　　　B. INSERT　　　　C. UPDATE　　　　D. DELETE

11. SQL 中 DELETE 的作用是（　　）。
    A. 插入记录　　　B. 删除记录　　　C. 查找记录　　　D. 更新记录
12. SQL 中 FROM 的作用是（　　）。
    A. 指定查询的表　　B. 删除记录　　　C. 分组　　　　　D. 更新记录
13. SQL 中 INSERT 的作用是（　　）。
    A. 插入记录　　　B. 删除记录　　　C. 查找记录　　　D. 更新记录
14. SQL 中 SELECT 的作用是（　　）。
    A. 插入记录　　　B. 删除记录　　　C. 查找记录　　　D. 更新记录
15. SQL 中 UPDATE 的作用是（　　）。
    A. 插入记录　　　B. 删除记录　　　C. 查找记录　　　D. 更新记录
16. SQL 中 WHERE 的作用是（　　）。
    A. 插入记录　　　B. 删除记录　　　C. 查找记录　　　D. 设置查询条件
17. SQL 中，"DELETE FROM 表名"表示（　　）。
    A. 从基本表中删除所有元组　　　　B. 从基本表中删除所有属性
    C. 从数据库中撤销这个基本表　　　D. 从基本表中删除重复元组
18. 参照关系 A 中外键的取值要么为空，要么为被参照关系 B 中某元组的主键值。这是（　　）规则。
    A. 实体完整性　　　　　　　　　　B. 参照完整性
    C. 用户自定义完整性　　　　　　　D. 属性完整性
19. 顾客购物的订单和订单明细之间是（　　）的联系。
    A. 一对一　　　　B. 一对多　　　　C. 多对多　　　　D. 空白
20. 关系模型中，一个键（　　）。
    A. 可以由多个任意属性组成
    B. 至多由一个属性组成
    C. 可由一个或者多个其值能够唯一表示该关系模式中任何元组的属性组成
    D. 以上都不是
21. 关系数据库中的数据表（　　）。
    A. 完全独立，相互没有关系　　　　B. 相互联系，不能单独存在
    C. 既相对独立，又相互联系　　　　D. 以数据表名来表现其相互间的联系
22. 假设数据库中表 A 和表 B 建立了"一对多"关系，表 B 为"多"的一方，则下述说法中正确的是（　　）。
    A. 表 A 中的一个记录能与表 B 中的多个记录匹配
    B. 表 B 中的一个记录能与表 A 中的多个记录匹配
    C. 表 A 中的一个字段能与表 B 中的多个字段匹配
    D. 表 B 中的一个字段能与表 A 中的多个字段匹配
23. 建立表的结构时，一个字段由（　　）组成。
    A. 字段名称　　　B. 数据类型　　　C. 字段属性　　　D. 以上都是
24. 如果一个字段在多数情况下取一个固定的值，可以将这个值设置成字段的（　　）。

A. 关键字 B. 默认值 C. 有效性文本 D. 输入掩码

25. 若实体 A 和 B 是一对多的联系,实体 B 和 C 是一对多的联系,则实体 A 和 C 是( )的关系。

    A. 一对一 B. 一对多 C. 多对多 D. 多对一

26. ( )不是单表约束。

    A. 主键约束 B. 为空约束 C. 唯一约束 D. 外键约束

27. 若属性 A 是关系 R 主键中的属性,则属性 A 不能取空值。这是( )规则。

    A. 实体完整性   B. 参照完整性
    C. 用户自定义完整性   D. 属性完整性

28. 若一个关系为 R(学生号,姓名,性别,年龄),则( )可以作为该关系的主键。

    A. 学生号 B. 姓名 C. 性别 D. 年龄

29. 设有部门和员工两个实体,每个员工只能属于一个部门,一个部门可以有多个员工,则部门与员工实体之间的关系类型为( )。

    A. 多对多 B. 一对多 C. 多对一 D. 一对一

30. 收集来的原始信息是初始的、零乱的、孤立的,对这些信息进行分类和排序,就是信息( )。

    A. 获取 B. 加工 C. 收集 D. 发布

31. 数据库(DB)、数据库系统(DBS)和数据库管理系统(DBMS)之间的关系是( )。

    A. DBS 包括 DB 和 DBMS   B. DBMS 包括 DB 和 DBS
    C. DB 包括 DBS 和 DBMS   D. DBS 就是 DB,也就是 DBMS

32. 下面列出的数据库管理技术发展的三个阶段中,没有专门的软件对数据进行管理的是( )。

    Ⅰ. 人工管理阶段   Ⅱ. 文件系统阶段   Ⅲ. 数据库阶段
    A. Ⅰ和Ⅱ B. 只有Ⅱ C. Ⅱ和Ⅲ D. 只有Ⅰ

33. 现有如下关系:患者(患者编号,患者姓名,性别,出生日起,所在单位),医疗(患者编号,患者姓名,医生编号,医生姓名,诊断日期,诊断结果) 其中,医疗关系中的外键是( )。

    A. 患者编号   B. 患者姓名
    C. 患者编号和患者姓名   D. 医生编号和患者编号

34. 一个关系只有一个( )。

    A. 候选键 B. 外键 C. 超键 D. 主键

35. 用 SQL 语言描述"在教师表中查找女教师的全部信息",以下描述正确的是( )。

    A. select from 教师表 if 性别="女"
    B. select 性别 from 教师表 if 性别="女"
    C. select * from 教师表 where 性别="女"
    D. select from 教师表 where 性别="女"

36. 在"学生"关系中,"性别"属性的取值必须是"男"或者"女"。这是( )规则。

    A. 实体完整性   B. 参照完整性
    C. 用户自定义完整性   D. 属性完整性

37. 在 E-R 图中,用来表示实体的图形是( )。

A. 矩形　　　　　B. 椭圆形　　　　　C. 菱形　　　　　D. 三角形
38. 在关系数据模型中,域是指(　　)。
　　A. 字段　　　　　　　　　　　　　　B. 记录
　　C. 属性　　　　　　　　　　　　　　D. 属性的取值范围
39. 在数据库中,能维系表之间关联的是(　　)。
　　A. 主键　　　　　B. 域　　　　　　C. 元组　　　　　D. 外键
40. 在 E-R 图中,用来表示实体之间联系的图形是(　　)。
　　A. 矩形　　　　　B. 椭圆形　　　　　C. 菱形　　　　　D. 平行四边形
41. 在 E-R 图中,用来表示实体的属性的图形是(　　)。
　　A. 矩形　　　　　B. 椭圆形　　　　　C. 菱形　　　　　D. 平行四边形
42. 在 E-R 图中,带有下划线的属性表示(　　)。
　　A. 主属性　　　　B. 候选键　　　　　C. 超键　　　　　D. 外键
43. 在 SQL 中用于求平均值的聚合函数是(　　)。
　　A. SUM　　　　　B. MIN　　　　　　C. AVG　　　　　D. MAX
44. 在 SQL 中,关键字 DISTINCT 的作用是(　　)。
　　A. 分组显示结果　　　　　　　　　　B. 排序显示结果
　　C. 排除结果中重复的属性　　　　　　D. 排除结果中重复的行
45. 关于主键,下列说法错误的是(　　)。
　　A. Access 并不要求在每一个表中都必须包含一个主键
　　B. 在一个表中只能指定一个字段为主键
　　C. 在输入数据或对数据进行修改时,不能向主键的字段输入相同的值
　　D. 利用主键可以加快数据的查找速度

8.3　多项选择题

1. 数据库系统具有(　　)特点。
　　A. 数据结构化　　　　　　　　　　　B. 冗余度高
　　C. 数据共享　　　　　　　　　　　　D. 数据独立性
2. 关系模型的数据完整性约束包括(　　)。
　　A. 实体完整性　　　　　　　　　　　B. 参照完整性
　　C. 用户自定义完整性　　　　　　　　D. 属性完整性
3. 数据库管理系统的层次结构可分为(　　)。
　　A. 应用层　　　　　　　　　　　　　B. 语言翻译处理层
　　C. 数据存取层　　　　　　　　　　　D. 数据存储层
4. (　　)是大型数据库系统。
　　A. Sybase　　　　B. Oracle　　　　C. DB2　　　　　D. Access
5. 数据库系统按照体系结构可分为(　　)。
　　A. 单用户数据库系统　　　　　　　　B. 主从式数据库系统
　　C. 分布式数据库系统　　　　　　　　D. 客户/服务器结构的数据库系统
6. 数据库管理系统的功能包括(　　)。
　　A. 数据定义　　　　B. 数据操纵　　　C. 数据库运行管理　D. 数据的组织

7. 文件系统的特点包括（　　）。
　　A. 数据与程序不独立　　　　　　　　B. 数据共享度低
　　C. 数据冗余度低　　　　　　　　　　D. 数据非结构化
8. 若一个关系为 R(学生号,姓名,性别,身份证号)，则（　　）可以作为该关系的主键。
　　A. 学生号　　　B. 姓名　　　C. 性别　　　D. 身份证号
9. 数据模型用来表示实体间的联系，不同的数据库管理系统支持不同的数据模型，常用的数据模型有（　　）。
　　A. 网状模型　　　B. 链状模型　　　C. 层次模型　　　D. 关系模型
10. 下面的选项是关系数据库基本特征的是（　　）。
　　A. 不同的列应有不同的数据类型　　　B. 不同的列应有不同的列名
　　C. 与行的次序无关　　　　　　　　　D. 与列的次序无关
11. 在关系模型中，任何关系必须满足（　　）。
　　A. 实体完整性　　　　　　　　　　　B. 数据完整性
　　C. 参照完整性　　　　　　　　　　　D. 用户自定义完整性
12. 实体间的联系的种类包括（　　）。
　　A. 一对一　　　B. 一对多　　　C. 多对多　　　D. 多对一
13. 以下（　　）是关系模型的组成部分。
　　A. 数据结构　　　B. 数据操作　　　C. 完整性约束　　　D. 数据
14. 以下关于空值的叙述中，正确的是（　　）。
　　A. Access 使用 NULL 来表示空值　　　B. 空值表示字段还没有确定值
　　C. 空值等同于空字符串　　　　　　　　D. 空值不等于数值 0
15. 有关字段属性，以下叙述正确的是（　　）。
　　A. 字段大小可用于设置文本、数字或自动编号等类型字段的最大容量
　　B. 可对任意类型的字段设置默认值属性
　　C. 有效性规则属性是用于限制此字段输入值的表达式
　　D. 不同的字段类型，其字段属性有所不同
16. SQL 语言的功能有（　　）。
　　A. 数据定义　　　B. 数据查询　　　C. 数据操纵　　　D. 数据控制
17. 在成绩表中查找成绩在[60,80]这个区间内的记录，其 SQL 可表示为（　　）。
A. SELECT * FROM 成绩表 WHERE 成绩 BETWEEN 60 AND 80
B. SELECT * FROM 成绩表 WHERE 成绩＞＝60 AND 成绩＜＝80
C. SELECT * FROM 成绩表 WHERE 成绩＞60 AND 成绩＜80
D. SELECT * FROM 成绩表 WHERE 成绩 IN(60,80)

参考答案

8.1　判断题

1～5. TFFTF　　　6～10. TTTFT　　　11～15. TTFTT　　　16～20. FTTTF
21～25. TFTFT　　25～30. FFTFF　　　31～34. TFFF

8.2　单项选择题

1～5. BCACA　　　6～10. CBBAA　　　11～15. BAACD　　　16～20. DABBC

21～25. CADBB   26～30. DAABB   31～35. ADADC   36～40. CADDC
41～45. BACDB

8.3 多项选择题

1. ACD   2. ABC   3. ABCD   4. BC   5. ABCD   6. ABCD
7. ABD   8. AD   9. ACD   10. BCD   11. AC   12. ABC
13. ABC   14. ABD   15. ACD   16. ABCD   17. AB

第 9 章　计算机网络

9.1 判断题

1. 集线器和中继器都是物理层的连接设备。（　　）
2. 网桥是网络层的连接设备。（　　）
3. 网络层以上的连接设备称为网关。（　　）
4. 网络操作系统与普通操作系统的功能相同。（　　）
5. Internet 上的每台计算机都只有一个唯一的 IP 地址。（　　）
6. DNS 既是一个分布式数据库，也是 TCP/IP 中应用层的一种服务。（　　）
7. 网络协议定义了在两个或多个通信实体之间交换的报文格式和顺序，以及在报文传输、接收或其他事件方面所采取的行动。（　　）
8. 使用集线器可以组建总线型网络。（　　）
9. IP 地址 202.126.100.289 是一个合法的 C 类 IP 地址。（　　）
10. 计算机网络是把分布在不同地点且具有独立功能的多个计算机系统通过通信设备和线路连接起来，在网络软件的支持下实现彼此之间数据通信和资源共享的系统。（　　）
11. 计算机网络从逻辑上看分为数据处理子网和通信子网。（　　）
12. 根据网络的覆盖范围，网络可以划分为局域网、城域网、广域网。（　　）
13. 在计算机网络活动中，涉及两个或多个通信的远程实体，有时是可以不受网络协议约束的。（　　）
14. 用户节点之间的通信必须经过中心节点，星型网络拓扑结构便于集中控制。（　　）
15. 数据链路层实现了数据包的传输路径选择。（　　）
16. 交换机可以工作在网络层，并称之为二层交换机。（　　）
17. 在 TCP/IP 结构中，网络被划分为 7 层。（　　）
18. IPv4 的地址有 128 位。（　　）
19. DNS 是工作在网络层的协议。（　　）
20. TCP 和 UDP 都是工作在传输层的协议。（　　）

9.2 单项选择题

1. 计算机网络最突出的优点是（　　）。
   A. 存储容量大　　B. 精度高　　C. 共享资源　　D. 运算速度快
2. 在下列网络拓扑结构中，所有用户的数据信号都要使用同一条电缆来传输的是（　　）。
   A. 总线结构　　B. 星型结构　　C. 网状型结构　　D. 树型结构
3. 在计算机网络中，通常把提供并管理共享资源的计算机称为（　　）。

A. 服务器　　　　　B. 工作站　　　　　C. 网关　　　　　D. 网桥

4. 下列属于数据链路层连接设备的是(　　)。
   A. 集线器　　　　　B. 网桥　　　　　C. 路由器　　　　D. 网关

5. UDP 和 TCP 都是(　　)层协议。
   A. 物理　　　　　B. 数据链路　　　C. 网络　　　　　D. 传输

6. 一个 IPv4 地址由(　　)位二进制组成。
   A. 8　　　　　　　B. 16　　　　　　C. 32　　　　　　D. 128

7. HTTP 是一种(　　)。
   A. 高级程序设计语言　　　　　　　B. 超文本传输协议
   C. 域名　　　　　　　　　　　　D. 网络地址

8. 下列是非法 IP 地址的是(　　)。
   A. 192.118.120.6　　　　　　　　B. 123.137.190.5
   C. 202.119.126.7　　　　　　　　D. 320.115.9.10

9. 下列用来衡量通信信道容量的是(　　)。
   A. 协议　　　　　B. IP 地址　　　　C. 数据包　　　　D. 带宽

10. Novell 网采用的网络操作系统是(　　)。
    A. NetWare　　　B. DOS　　　　　C. OS/2　　　　　D. Windows NT

11. 一座办公楼内某实验室中的微机进行连网。按网络覆盖范围来分,这个网络属于(　　)。
    A. WAN　　　　　B. LAN　　　　　C. Internet　　　D. MAN

12. 路由选择是 OSI 模型中(　　)的主要功能。
    A. 物理层　　　　B. 数据链路层　　C. 传输层　　　　D. 网络层

13. 下列(　　)协议是用来传输文件的。
    A. HTTP　　　　　B. Telnet　　　　C. FTP　　　　　D. DNS

14. 下列传输介质中,数据传输能力最强的是(　　)。
    A. 电话线　　　　B. 光纤　　　　　C. 同轴电缆　　　D. 双绞线

15. 调制解调器的功能是实现(　　)。
    A. 模拟信号与数字信号的转换　　　B. 模拟信号的放大
    C. 数字信号的编码　　　　　　　D. 数字信号的整形

16. 主机域名 www.scut.edu.cn 由 4 个子域组成,其中(　　)子域是最高层域。
    A. www　　　　　B. scut　　　　　C. edu　　　　　D. cn

17. IPv6 的地址有(　　)位。
    A. 32　　　　　　B. 64　　　　　　C. 128　　　　　D. 256

18. 下列为 C 类 IP 地址的是(　　)。
    A. 126.5.125.75　　　　　　　　B. 196.54.65.254
    C. 230.15.15.22　　　　　　　　D. 245.54.1.0

19. 下列为网络层协议的是(　　)。
    A. IP 协议　　　　B. HTTP　　　　C. TCP　　　　　D. DNS

20. 下列为传输层协议的是(　　)。

A. ARP B. UDP C. FTP D. ICMP
21. 带宽是对通信信道（　　）的度量。
    A. 长度 B. 宽度 C. 速度 D. 容量
22. 下列属于资源子网中设备的是（　　）。
    A. 通信控制处理机 B. 服务器 C. 通信线路 D. 通信设备
23. （　　）是第一个实现以资源共享为目的的计算机网络。
    A. ARPANET B. 互联网 C. 以太网 D. 万维网
24. 以下不属于数据链路层需要解决的问题的是（　　）。
    A. 差错控制 B. 流量控制
    C. 不同编码格式的转换 D. 信息交换过程控制
25. IP 地址由（　　）组成。
    A. 网络号和主机号 B. 网络号和端口号
    C. 端口号和主机号 D. 网络号和 MAC 地址
26. TCP/IP 结构包括（　　）层。
    A. 5 B. 6 C. 4 D. 7
27. 下列不属于 TCP/IP 结构的是（　　）。
    A. 应用层 B. 传输层 C. 网络层 D. 物理层
28. 下列不属于 Internet 提供的典型服务的是（　　）。
    A. Web 服务 B. IP 电话
    C. 电子邮件 D. 计算机辅助设计
29. 下列（　　）是家庭采用 ADSL 方式接入 Internet 时不需要的设备。
    A. ADSL modem B. 普通电话线 C. 网卡 D. 路由器
30. 下列（　　）不是网络代理服务器的典型功能。
    A. 为工作站提供访问 Internet 的代理服务
    B. 提供缓存
    C. 提供 Web 服务
    D. 为网络提供安全保护
31. 域名与 IP 地址的对应关系是（　　）。
    A. 一对一 B. 一对多 C. 多对一 D. 多对多

9.3 多项选择题

1. 根据网络的覆盖范围来分，网络可分为（　　）。
   A. 校园网 B. 局域网 C. 城域网 D. 广域网
2. 根据网络的工作模式来划分，网络可分为（　　）。
   A. 校园网 B. 对等网
   C. Internet D. 客户机/服务器网
3. 计算机网络中,有线传输介质主要有（　　）。
   A. 电线 B. 双绞线 C. 同轴电缆 D. 光纤
4. 下列属于数据链路层连接设备的有（　　）。
   A. 集线器 B. 网桥 C. 二层交换机 D. 路由器

5. ( )是网络操作系统的功能。
   A. 通信服务　　　　B. 网络管理服务　　　C. 打印服务　　　　D. 数据库服务
6. 下列属于应用层协议的有( )。
   A. HTTP　　　　　 B. FTP　　　　　　　C. UDP　　　　　　D. SMTP
7. 下列属于传输层协议的有( )。
   A. IP　　　　　　　B. TCP　　　　　　　C. UDP　　　　　　D. ARP
8. 下列属于C类IP地址的是( )。
   A. 200.128.33.96　　　　　　　　　　　B. 202.197.48.296
   C. 222.197.133.33　　　　　　　　　　 D. 190.48.96.7
9. 目前可用的IP地址长度是( )位。
   A. 16　　　　　　　B. 32　　　　　　　　C. 48　　　　　　　D. 128
10. Internet提供的基本服务有( )。
    A. Web服务　　　　B. 文件传输　　　　　C. 远程登录　　　　D. 硬盘管理
11. 通过无线接入Internet的方式主要有( )。
    A. 无线局域网接入　　　　　　　　　　B. 广域无线接入
    C. ISDN接入　　　　　　　　　　　　 D. ADSL接入
12. 顶级域名目前采用的划分方式主要有( )。
    A. 以所从事的行业领域划分　　　　　　B. 以国别划分
    C. 以所在的单位名称划分　　　　　　　D. 管理者任意划分
13. 按照功能,网关大致分为( )等几类。
    A. 协议网关　　　　B. 应用网关　　　　　C. 路由网关　　　　D. 安全网关
14. TCP/IP模型与ISO的OSI/RM模型,具有相同名字的层次有( )。
    A. 应用层　　　　　B. 表示层　　　　　　C. 会话层　　　　　D. 传输层
15. 下列属于TCP/IP网际层协议的有( )。
    A. IP协议　　　　　B. RARP协议　　　　 C. ICMP　　　　　　D. IGMP
16. ISO的OSI/RM模型表示层要完成的功能有( )。
    A. 数据交换　　　　　　　　　　　　　B. 数据编码格式转换
    C. 数据压缩　　　　　　　　　　　　　D. 会话连接异常报告
17. ISO的OSI/RM模型网络层的功能包括( )。
    A. 向数据链路层提供服务　　　　　　　B. 路径选择
    C. 实现端到端的通信　　　　　　　　　D. 确定交换方式
18. 常用的网络拓扑结构包括( )。
    A. 星型　　　　　　B. 总线型　　　　　　C. 环型　　　　　　D. 树型
19. 从逻辑功能上看,计算机网络分为( )几部分。
    A. 资源子网　　　　B. 控制子网　　　　　C. 通信子网　　　　D. 数据子网
20. 交换机可以工作在ISO OSI/RM模型的( )。
    A. 第一层　　　　　B. 第二层　　　　　　C. 第三层　　　　　D. 第四层
21. TCP协议的功能包括( )。
    A. 差错控制　　　　B. 数据包排序　　　　C. 无连接服务　　　D. 流量控制

22. ISO OSI/RM 模型物理层的功能包括( )。
    A. 实现按位传输　　　　　　　　B. 实现按帧传输
    C. 提供透明的比特流　　　　　　D. 提供差错检验
23. 下列属于网络连接设备的有( )。
    A. 集线器　　　B. 路由器　　　C. 控制器　　　D. 网桥
24. 下列属于行业领域顶级域名的有( )。
    A. .com　　　　B. .gov　　　　C. .cn　　　　D. .edu
25. IP 电话通话方式有( )。
    A. 计算机与计算机　　　　　　　B. 计算机与电话机
    C. 电话机与电话机　　　　　　　D. 计算机与电视机
26. 将局域网接入 Internet 的方案主要有( )。
    A. 电话拨号接入　　　　　　　　B. 专线接入
    C. 代理服务器接入　　　　　　　D. ADSL 接入

参考答案

9.1　判断题
1～5. TFTFF　　　6～10. TTFFT　　　11～15. FTFTF　　　15～20. FFFFT

9.2　单项选择题
1～5. CAABD　　　6～10. CBDDA　　　11～15. BDCBA　　　16～20. DCBAB
21～25. DBACA　　25～30. CDDDC　　　31. A

9.3　多项选择题
1. BCD　　　2. BD　　　3. BCD　　　4. BC　　　5. ABCD
6. ABD　　　7. BC　　　8. AC　　　9. BD　　　10. ABC
11. AB　　　12. AB　　　13. ABD　　　14. AD　　　15. ABCD
16. BC　　　17. BD　　　18. ABCD　　　19. AC　　　20. BC
21. ABD　　　22. AC　　　23. ABD　　　24. ABD　　　25. ABC
26. BC

第 10 章　信息安全

10.1　判断题

1. 通信双方对于自己通信的行为都不可抵赖,这是指安全通信的可控性。　　　(　)
2. 在对称密钥密码系统中,通信双方必须事先共享密钥。　　　(　)
3. 为了实现保密通信,在公开密钥密码系统中,加密密钥是保密的,解密密钥是公开的。　　　(　)
4. 计算机网络中,端到端加密只对报文加密,报头则是明文传送。　　　(　)
5. 数字签名同手写签名一样,容易被模仿和伪造。　　　(　)
6. 防火墙用来防备已知的威胁,没有一个防火墙能够自动防御所有新的威胁。(　)
7. 计算机病毒是一种可以通过修改自身来感染其他程序的程序。　　　(　)
8. 宏病毒不但感染程序文件,而且感染文档文件。　　　(　)
9. 蠕虫是能进行自我复制并能自动在网络上传播的程序。　　　(　)
10. 入侵检测是一种主动防御技术。　　　(　)
11. 要保护计算机程序代码的版权,可以申请发明专利。　　　(　)
12. 信息的完整性是指信息在传输、交换、存储和处理过程中保持非修改、非破坏和非丢失的特性。　　　(　)
13. 与对称密钥密码系统相比,公开密钥密码系统具有加、解密速度快的优点。(　)
14. 一个数字签名方案由安全参数、消息空间、签名、密钥生成算法、签名算法、验证算法等成分构成。　　　(　)
15. 防火墙只能以硬件的形式实现。　　　(　)
16. 与生物病毒类似,计算机病毒也可以通过空气传播。　　　(　)
17. 链路加密是一种面向物理层的数据加密方式。　　　(　)
18. 数字签名是密码技术的应用之一。　　　(　)

10.2　单项选择题

1. 在报文加密之前,它被称为(　　)。
   A. 明文　　　　　B. 密文　　　　　C. 密码电文　　　　　D. 密码
2. 密码算法是指(　　)。
   A. 加密算法　　　　　　　　　　B. 解密算法
   C. 私钥　　　　　　　　　　　　D. 加密算法和解密算法
3. 在公开密钥密码算法中,(　　)是公开的。
   A. 加密所用密钥　　　　　　　　B. 解密所用密钥
   C. 加密所用密钥和解密所用密钥　D. 没有密钥

4. 下列是网络病毒特点的是(　　)。
   A. 与 PC 病毒完全不同
   B. 无法控制
   C. 只有在线时起作用,下线后就失去干扰和破坏能力了
   D. 借助网络传播,危害性更强
5. 从逻辑上讲,防火墙是(　　)。
   A. 过滤器、限制器、分析器　　　　B. 堡垒主机
   C. 硬件与软件的配合　　　　　　　D. 隔离带
6. 最简单的数据包过滤方式是按照(　　)进行过滤。
   A. 目标地址　　B. 源地址　　C. 服务　　D. 信息内容
7. 下列属于公开密钥密码算法的有(　　)。
   A. RSA　　　　B. DES　　　C. 3DES　　D. AES
8. 下列不属于网络防火墙典型功能的是(　　)。
   A. 控制对网站的访问　　　　　　　B. 限制被保护子网的暴露
   C. 强制安全策略　　　　　　　　　D. 清除病毒
9. 应用层网关采用一种代理技术,其优点不包括(　　)。
   A. 能改进底层协议的安全性　　　　B. 可生成各项记录
   C. 能够过滤数据内容　　　　　　　D. 能为用户提供透明的加密机制
10. DES 加密算法是(　　)公司研制的。
    A. IBM　　　　B. Microsoft　　C. Sun　　　D. 腾讯
11. 下列不属于链路加密缺点的是(　　)。
    A. 硬件开销大　　　　　　　　　　B. 运行维护开销大
    C. 密钥处理开销大　　　　　　　　D. 速度慢
12. 防火墙的构建一般不涉及下列的(　　)。
    A. 路由器　　　B. 集线器　　　C. 服务器　　D. 软件
13. 宏病毒构成严重危害的原因是(　　)。
    A. 依赖于单一的操作系统　　　　　B. 宏病毒很容易传播
    C. 宏病毒感染程序文件　　　　　　D. 宏病毒不感染文档文件
14. 下列不属于网络蠕虫病毒传播工具的是(　　)。
    A. 电子邮件设备　　　　　　　　　B. 远程执行功能
    C. 远程登录　　　　　　　　　　　D. 优盘(U 盘)
15. 计算机病毒防治的方法不包括(　　)。
    A. 检测　　　　B. 鉴定　　　C. 关机　　　D. 清除
16. 下列属于入侵检测方法的是(　　)。
    A. 异常检测　　B. 信息检测　　C. 数据检测　　D. 程序检测
17. 下列属于主动防御技术的是(　　)。
    A. 防火墙技术　　　　　　　　　　B. 数据加密
    C. 入侵检测系统　　　　　　　　　D. 漏洞扫描
18. 下列属于被动防御技术的是(　　)。

A. 存取控制 B. 权限控制
C. 口令验证 D. 虚拟专用网技术
19. 下列不属于安全通信典型特征的是（　　）。
A. 机密性 B. 完整性 C. 不可否认性 D. 不可复制性
20. 下列不可以申请发明专利的是（　　）。
A. 计算机软件 B. 通信方法 C. 数据压缩算法 D. 程序编译方法

10.3　多项选择题

1. 密码技术的主要应用有（　　）。
   A. 数据加密 B. 数字签名 C. 密码分析 D. 保密通信
2. 防火墙可分为（　　）等几种。
   A. 网桥 B. 应用层网关 C. 复合型防火墙 D. 包过滤防火墙
3. 下列被认为是恶意程序的有（　　）。
   A. 病毒 B. 游戏 C. 陷门 D. 特洛伊木马
4. 入侵检测体系结构的主要形式有（　　）。
   A. 基于主机型 B. 基于硬件型 C. 基于网络型 D. 分布式
5. 信息安全的基本技术有（　　）。
   A. 密码技术 B. 防火墙技术 C. 防病毒技术 D. 入侵检测技术
6. 安全通信具有的特征有（　　）。
   A. 不可用性 B. 不可否认性 C. 机密性 D. 完整性
7. 对称密钥密码技术的优点是（　　）。
   A. 加密速度快 B. 密钥分发简单 C. 密钥组合少 D. 保密性高
8. 链路加密的优点有（　　）。
   A. 方便硬件实现 B. 高速 C. 可靠 D. 保密
9. 数字签名方案的组成部分包括（　　）。
   A. 消息空间 B. 密钥生成算法 C. 签名算法 D. 验证算法
10. 防火墙的优点包括（　　）。
    A. 检测和清除病毒 B. 有效记录网络上的活动
    C. 限制暴露用户 D. 安全策略检查站
11. 下列属于病毒生命周期的有（　　）。
    A. 定义阶段 B. 传染阶段 C. 测试阶段 D. 发作阶段
12. 计算机病毒的种类主要有（　　）。
    A. 寄生病毒 B. 生物病毒 C. 多态病毒 D. 引导扇区病毒
13. 反病毒软件的发展阶段包括（　　）。
    A. 简单的扫描程序 B. 启发式的扫描程序
    C. 主动设置陷阱 D. 全面防御措施
14. 从加密技术应用的逻辑位置来看，计算机网络中的数据加密形式主要有（　　）。
    A. 公钥加密 B. 链路加密 C. 端到端加密 D. 私钥加密
15. 网络蠕虫利用（　　）进行传播。
    A. 电子邮件 B. 远程执行 C. Web浏览 D. 远程登录

16. 下列属于被动防御技术的有（　　）。
    A. 防火墙技术　　　B. 密码技术　　　C. 入侵检测技术　　　D. 漏洞扫描技术
17. 下列属于主动防御技术的有（　　）。
    A. 密码技术　　　B. 存取控制　　　C. 口令验证　　　D. 审计跟踪
18. 下列属于知识产权保护范畴的是（　　）。
    A. 软件著作权　　　　　　　　　　　B. 发明专利权
    C. 实用新型专利权　　　　　　　　　D. 外观设计专利权

参考答案

10.1　判断题
1～5. FTFTF　　　6～10. TTFTF　　　11～15. FTFTF　　　16～18. FTT

10.2　单项选择题
1～5. ADADA　　　6～10. BADAA　　　11～15. DBBDC　　　16～20. ABCDA

10.3　多项选择题
1. ABCD　　2. BCD　　3. ACD　　4. ACD　　5. ABCD
6. BCD　　7. AD　　8. ABCD　　9. ABCD　　10. BCD
11. BD　　12. ACD　　13. ABCD　　14. BC　　15. ABD
16. ACD　　17. AB　　18. ABCD

第 11 章　　IT 前沿技术

11.1　判断题
1. 回归和分类都是有监督学习问题。（　　）
2. 输出变量为有限个离散变量的预测问题是回归问题,输出变量为连续变量的预测问题是分类问题。（　　）
3. 给定 n 个数据点,如果其中一半用于训练,另一半用于测试,则训练误差和测试误差之间的差别会随着 n 的增加而减小。（　　）
4. 大数据包括结构化、半结构化和非结构化数据,非结构化数据越来越成为数据的主要部分。（　　）
5. 大数据让软件更智能。（　　）
6. 大数据目前拥有标准的统一的定论。（　　）

11.2　单项选择题
1. 云计算是对（　　）技术的发展与运用。
   A. 并行计算　　　B. 网格计算　　　C. 分布式计算　　　D. 三个选项都是
2. （　　）是微软推出的云计算操作系统。
   A. Google App Engine　　　　　B. 蓝云
   C. Azure　　　　　　　　　　　D. EC2
3. （　　）不属于 IaaS 层的服务。
   A. 虚拟机　　　B. 开发工具　　　C. 计算资源　　　D. 存储资源
4. 与网络计算相比,不属于云计算特征的是（　　）。
   A. 资源高度共享　　　　　　　B. 适合紧耦合科学计算
   C. 支持虚拟机　　　　　　　　D. 适用于商业领域
5. 我们常提到的"Window 装个 VMware、装个 Linux 虚拟机",属于（　　）
   A. 存储虚拟化　　　　　　　　B. 内存虚拟化
   C. 系统虚拟化　　　　　　　　D. 网络虚拟化
6. 在超大型数据中心运营中,（　　）所占比例最高。
   A. 硬件更换费用　　　　　　　B. 软件维护费用
   C. 空调等支持系统的维护费用　D. 电费
7. 亚马逊 AWS 提供的云计算服务类型是（　　）
   A. IaaS　　　B. PaaS　　　C. SaaS　　　D. 三个选项都是
8. 云计算面临的一个很大的问题是（　　）。
   A. 服务器　　　B. 存储　　　C. 计算　　　D. 节能

9. 下面不属于云计算特点的是（　　）。
   A. 超大规模　　　B. 虚拟化　　　C. 私有化　　　D. 高可靠性
10. 云计算就是把计算资源都放到上（　　）。
    A. 对等网　　　B. 因特网　　　C. 广域网　　　D. 无线网
11. （　　）不是虚拟化的主要特征。
    A. 高扩展性　　　B. 高可用性　　　C. 高安全性　　　D. 实现技术简单
12. 2008年,（　　）先后在无锡和北京建立了两个云计算中心。
    A. IBM　　　B. Google　　　C. Amazon　　　D. 微软
13. RFID又称为（　　）。
    A. 电子卡片　　　B. 感应卡片　　　C. 电子标签　　　D. 感应标签
14. 基础设施即服务的简称是（　　）。
    A. IaaS　　　B. VaaS　　　C. PaaS　　　D. SaaS
15. 平台即服务的简称是（　　）。
    A. IaaS　　　B. VaaS　　　C. PaaS　　　D. SaaS
16. 软件即服务的简称是（　　）。
    A. IaaS　　　B. VaaS　　　C. PaaS　　　D. SaaS
17. 智慧地球的概念是（　　）提出来的。
    A. IBM　　　B. 温家宝　　　C. 奥巴马　　　D. Google
18. 通过无线网络与互联网的融合,将物体的信息实时准确地传递给用户,指的是（　　）。
    A. 可靠传递　　　B. 全面感知　　　C. 智能处理　　　D. 互联网
19. 利用RFID、传感器、二维码等随时随地获取物体的信息,指的是（　　）。
    A. 可靠传递　　　B. 全面感知　　　C. 智能处理　　　D. 互联网
20. 运用云计算、数据挖掘以及模糊识别等人工智能技术,对海量的数据和信息进行分析和处理,对物体实施智能化的控制,指的是（　　）。
    A. 可靠传递　　　B. 全面感知　　　C. 智能处理　　　D. 互联网
21. （　　）年,中国把物联网发展写入了政府工作报告。
    A. 2000　　　B. 2008　　　C. 2009　　　D. 2010
22. 第三次信息技术革命指的是（　　）。
    A. 互联网　　　B. 物联网　　　C. 智慧地球　　　D. 感知中国
23. 三层结构类型的物联网不包括（　　）。
    A. 感知层　　　B. 网络层　　　C. 应用层　　　D. 会话层
24. 感知中国中心设在（　　）。
    A. 北京　　　B. 上海　　　C. 广州　　　D. 无锡
25. 物联网概念最早是由（　　）提出。
    A. 麻省理工学院　　　B. 哈佛大学　　　C. 牛津大学　　　D. 清华大学
26. 房价预测属于（　　）问题。
    A. 分类　　　B. 聚类　　　C. 回归　　　D. 规则学习
27. 人脸识别属于（　　）问题。
    A. 分类　　　B. 聚类　　　C. 回归　　　D. 规则学习

28. 用户群体的划分属于( )问题。
    A. 分类　　　　　B. 聚类　　　　　C. 回归　　　　　D. 规则学习
29. ( )学习需要用带有标签的数据作为训练数据。
    A. 监督　　　　　B. 非监督　　　　C. 半监督　　　　D. 强化
30. 聚类属于( )学习。
    A. 监督　　　　　B. 非监督　　　　C. 半监督　　　　D. 强化
31. 大数据时代,计算模式也发生了转变,从"流程"核心转变为( )核心。
    A. "数量"　　　　B. "数据"　　　　C. "经济"　　　　D. "价值"
32. 区块链技术起源于( )。
    A. 分布式账本　　B. 智能合约　　　C. 比特币　　　　D. 共识机制
33. 下列不属于区块链核心技术的是( )。
    A. 分布式账本　　B. 智能合约　　　C. 比特币　　　　D. 共识机制
34. 比特币采用的共识机制是( )。
    A. 股权证明　　　B. 工作量证明　　C. 授权股权证明　D. 重要性证明
35. 区块链中用到的随机散列也称( )。
    A. 搜索算法　　　B. 分布式计算　　C. 哈希算法　　　D. 区块计算
36. 区块链中的数据存储通过( )完成。
    A. 超级服务器　　B. 可信第三方　　C. 分布式账本　　D. 计算中心

11.3 多项选择题

1. 分类算法包含( )。
    A. 支持向量机　　B. 神经网络　　　C. 随机森林
    D. 逻辑回归　　　E. 贝叶斯
2. 常见的监督学习算法包含( )。
    A. 感知机　　　　B. 支持向量机　　C. 人工神经网络
    D. 决策树　　　　E. 逻辑回归
3. 分类问题常见的应用包含( )。
    A. 垃圾邮件的识别　B. 信用卡欺诈检测　C. 语音识别　　　D. 字符识别
    E. 车牌识别　　　　F. 人脸识别　　　　G. 疾病诊断　　　H. 文本情感分析
4. 回归问题常见的应用包含( )。
    A. 股票交易决策　B. 电影票房预测　C. 房价预测　　　D. 车牌识别
5. 聚类问题常见的应用包含( )。
    A. 用户群体的划分　　　　　　　　B. 根据人脸来管理照片
    C. 对Web上的文档进行分类　　　　D. 对生物种群进行划分
6. 国际数据公司认为大数据有4V特点,分别为( )。
    A. 数据量大　　　B. 处理速度快　　C. 类型多样
    D. 低价值密度　　E. 真实性
7. 大数据的主要相关技术包括( )。
    A. 虚拟化技术　　　　　　　　　　B. 分布式处理技术
    C. 存储技术　　　　　　　　　　　D. 感知技术

E. 文字处理技术
8. 云计算的主要服务模式包括(　　)。
   A. IaaS　　　　　B. VaaS　　　　　C. PaaS　　　　　D. SaaS
9. 云计算常见的部署方式有(　　)。
   A. 公有云　　　　B. 私有云　　　　C. 社区云　　　　D. 混合云
10. 物联网的基本特征包括(　　)。
    A. 按需付费　　　B. 全面感知　　　C. 可靠传递　　　D. 智能处理
11. 最基本的 RFID 系统由(　　)三大部分组成。
    A. 电子标签　　　B. 读写器　　　　C. 天线　　　　　D. 传感器
12. 电子标签又称(　　)。
    A. 射频标签　　　B. 读写器　　　　C. 应答器　　　　D. 传感器

参考答案

11.1 判断题
1~5. TFTTT　　　6. F

11.2 单项选择题
1~5. DCBBC　　　6~10. DDDCB　　　11~15. DACAC　　　16~20. DAABC
21~25. DBDDA　　26~30. CABAB　　 31~35. BCCBC　　　36. C

11.3 多项选择题
1. ABCDE　　2. ABCDE　　3. ABCDEFGH　　4. ABC　　5. ABCD
6. ABCD　　 7. ABCD　　 8. ACD　　　　　9. ABCD　　10. BCD
11. ABC　　 12. AC

参 考 文 献

[1] 白中英.计算机组成原理[M].3版.北京:科学出版社,2003.
[2] 石磊.计算机组成原理[M].2版.北京:清华大学出版社,2006.
[3] 阮文江.大学计算机公共基础[M].北京:清华大学出版社,2007.
[4] 朱战立,李高和,杨谨全.计算机导论[M].北京:电子工业出版社 2005.
[5] 胡金柱.大学计算机基础[M].北京:清华大学出版社,2007.
[6] 甘岚,廖辉传.计算机导论[M].北京:北京邮电大学出版社,2005.
[7] 白中英.数字逻辑与数字系统[M].3版.北京:科学出版社,2002.
[8] 陈光华.计算机组成原理[M].北京:机械工业出版社,2006.
[9] 约翰·F.韦克利.数字设计原理与实践[M].3版.北京:机械工业出版社,2003.
[10] 许兴存,曾琪琳.微型计算机接口技术[M].北京:电子工业出版社,2005.
[11] 王田苗.嵌入式系统设计与实例开发[M].北京:清华大学出版社,2005.
[12] 李代平.软件工程[M].北京:清华大学出版社,2008.
[13] 张尧学,史美林.计算机操作系统教程[M].2版.北京:清华大学出版社,2000.
[14] TANENBAUM A S.现代操作系统[M].陈向群,马洪兵,译.3版.北京:机械工业出版社,2009.
[15] Windows 主页[EB/OL].[2021-08-05]. http://windows.microsoft.com/zh-cn/windows.
[16] Word 帮助和学习[EB/OL].[2021-08-05]. https://support.office.com/zh-CN/word.
[17] Excel 帮助和学习[EB/OL].[2021-08-05]. https://support.office.com/zh-cn/excel.
[18] Power Point 帮助和学习[EB/OL].[2021-08-05]. https://support.office.com/zh-cn/powerpoint.
[19] 杨振山,龚沛曾.大学计算机基础[M].4版.北京:高等教育出版社,2004.
[20] 李秀,安颖莲,姚瑞霞,等.计算机文化基础[M].5版.北京:清华大学出版社,2004.
[21] 刘桂喜,余志新.计算机技术导论[M].北京:电子工业出版社,2004.
[22] 刘国燊.数据库技术基础及应用[M].4版.北京:电子工业出版社,2008.
[23] 王珊,张孝,李翠平,等.数据库技术与应用[M].北京:清华大学出版社,2005.
[24] 周安宁,张新猛,吕会红.数据库应用案例教程 Access[M].北京:清华大学出版社,2007.
[25] Access 帮助和学习[EB/OL].[2021-08-05]. https://support.office.com/zh-cn/access.
[26] 徐红云,郭芬,林育蓓,等.多媒体技术及应用[M].北京:电子工业出版社,2018.
[27] 王中生,高加琼.多媒体技术及应用[M].3版.北京:清华大学出版社,2015.
[28] 许华虎,杜明,佘俊,等.多媒体应用系统技术学习指导及习题解析[M].北京:机械工业出版社,2009.
[29] 刘西杰,柳林.HTML CSS JavaScript 网页制作从入门到精通[M].3版.北京:人民邮电出版社,2016.
[30] 余乐.网页设计与网站建设[M].北京:清华大学出版社,2017.
[31] KUROSE J F,ROSS K W.计算机网络——自顶向下方法与Internet特色[M].陈鸣,译.3版.北京:机械工业出版社,2005.
[32] STALLINGS W.密码编码学与网络安全——原理与实践[M].4版.北京:电子工业出版社,2006.
[33] 林柏钢.网络与信息安全教程[M].北京:机械工业出版社,2005.
[34] 肖军模,刘军,周海刚.网络信息安全[M].北京:机械工业出版社,2006.
[35] 赵欢,骆嘉伟,徐红云,等.大学计算机基础——计算机科学概论[M].北京:人民邮电出版社,2007.
[36] HETLAND M L.Python 基础教程[M].司威,译.2版.北京:人民邮电出版社,2017.
[37] 蒋加伏,唐文胜.大学计算机基础[M].北京:北京邮电大学出版社,2006.
[38] 卢湘鸿,彭小宁.文科计算机教程[M].北京:高等教育出版社,2008.
[39] FOROUZAN B A.计算机科学导论[M].刘艺,译.北京:机械工业出版社,2008.

[40] WING J M. Computational thinking[J]. Communications of the ACM,2006,49(3):33-35.

[41] 周志华.机器学习[M].北京:清华大学出版社,2016.

[42] 吴宁川.人工智能过去60年沉浮史,未来60年将彻底改变人类[EB/OL].(2016-04-03)[2021-08-05]. http://www.tmtpost.com/1666616.html.

[43] 云计算百科[EB/OL].[2021-08-20]. https://baike.so.com/doc/580575-614558.html.

[44] iOS 15. iOS 15 官网[EB/OL].[2021-08-05]. https://www.apple.com/cn/ios/ios-15/.

[45] 张艳,姜薇.大学计算机基础[M].北京:清华大学出版社,2016.

[46] 区块链百科[EB/OL].(2020-10-22)[2021-08-05]. https://baike.baidu.com/item/区块链/13465666.

[47] 华为高斯.华为 openGauss 数据类型[EB/OL].(2020-06-01)[2020-06-01]. https://www.modb.pro/db/30384.

[48] 华为高斯.华为 openGauss 模式匹配操作符[EB/OL].(2020-06-01)[2020-06-01]. https://www.modb.pro/db/30407.

[49] 严蔚敏,吴伟民.数据结构(C语言版)[M].北京:清华大学出版社,2011.

[50] WEISS M A.数据结构与算法分析[M].冯舜玺,译.北京:机械工业出版社,2016.

[51] ROSSUM G V,DRAKE F L. The Python language reference manual[M].[S.l.]:Network Theory Ltd.,2012.

[52] 嵩天,礼欣,黄天羽. Python 语言程序设计基础[M]. 2版.北京:高等教育出版社,2017.

[53] 马晓星,刘譞哲,谢冰,等.软件开发方法发展回顾与展望[J].软件学报,2019,30(01):3-21.

[54] SILHAVY R. Software engineering and algorithms[M]. Berlin:Springer,2021.

[55] 徐平江,赵东艳,邵瑾.中国软件行业标准现状分析[J].中国标准化,2021(15):122-131.

[56] ASHENHURST R L,GRAHAM S. ACM 图灵奖演讲集——前20年(1966—1985)[M].苏运霖,译.北京:电子工业出版社,2005.

[57] 朱建明,高胜,段美姣,等.区块链技术与应用[M].北京:机械工业出版社,2018.

[58] 徐红云,解晓萌,郭芬,等.大学计算机基础教程[M]. 3版.北京:清华大学出版社,2018.

[59] 徐红云.大学计算机基础实验指导与习题集[M]. 3版.北京:清华大学出版社,2018.